Grape Diseases
& Pests and Their Control

葡萄病虫害及其防治

吴 江 房经贵 李 民 郑 婷
董世云 陈红星 柴荣耀　编著

中国林业出版社
·北京·

图书在版编目（CIP）数据

葡萄病虫害及其防治 / 吴江等编著 . — 北京 : 中国林业出版社 , 2021.7

ISBN 978-7-5219-1277-7

Ⅰ . ①葡… Ⅱ . ①吴… Ⅲ . ①葡萄 – 病虫害防治 Ⅳ . ① S436.631

中国版本图书馆 CIP 数据核字（2021）第 141848 号

策划编辑：何增明

责任编辑：袁　理

电　　话：（010）83143568

出版发行　中国林业出版社

　　　　　　（100009　北京西城区刘海胡同 7 号）

印　　刷　北京博海升彩色印刷有限公司

版　　次　2021 年 9 月第 1 版

印　　次　2021 年 9 月第 1 次印刷

开　　本　710mm×1000mm　1/16

印　　张　12

字　　数　276 千字

定　　价　69.00 元

序 | *Preface*

  2021 年 6 月 30 日晚接到了国家葡萄产业技术体系杭州综合试验站站长吴江研究员的邀请，让我为她主编的《葡萄病虫害及其防治》写序，我自感自己的研究水平还没有达到给吴大姐写序的程度，推辞几次后只能从命了，若有不足还请大家多包涵和批评指正。葡萄是我国重要的落叶果树之一，基于自身适应性强、经济效益高的特点，已在我国广泛种植，成为农业增效和农民增收的重要农作物。自 2008 年国家葡萄产业技术体系（CARS-30）项目启动以来，我国葡萄产业目标开始由追求产量向提质增效方向转变；2021年 7 月全国首个特色产业综合试验区"宁夏葡萄酒产业综试区"正式成立，标志着我国葡萄产业正逐渐走向高质量和现代化发展，成为带动当地经济发展的重要力量。而葡萄产业的高质量发展离不开植保工作的保驾护航，《葡萄病虫害及其防治》正是在这大背景下编写而成，它不仅对葡萄病虫害绿色防控具有实用价值，而且对促进我国葡萄产业稳步发展也具有重要意义。

  《葡萄病虫害及其防治》较为系统地介绍了葡萄病虫害综合防治技术、常用农药种类及施药要点、常见病害种类及其防治、常见虫害种类及其防治和生产中不利的环境因素等内容，在编写方式上有明显创新；既有葡萄病虫害防治技术的综合分析，也有具体的防治措施；既有实用的田间诊断和防治技术，也有高深的分子生物技术；既是研究工作者的藏书，也是广大农技推广人员和果农的实用手册。总之，《葡萄病虫害及其防治》一书是基于国家葡萄发展战略，致力于解决葡萄病虫害防控难题的实用专著，必将对提升我国葡萄病虫害的防控水平发挥重要作用。

王 琦

中国农业大学植物保护学院教授

国家葡萄产业技术体系果实病害防控岗位科学家

2021 年 7 月 13 日于北京中国农大植保楼

前 言 | *Foreword*

葡萄是世界四大果品之一，栽培历史悠久，分布范围广，种植面积大，葡萄产业在我国呈现蓬勃发展之势，成为许多地区发展经济的支柱产业。近年来，随着葡萄栽培区域的日益扩大，地理环境的复杂变化，葡萄病虫害的种类也相继增多，发生程度日渐严重，这给葡萄病虫害的防治带来了极大的困难，给葡萄的绿色生产带来了挑战。

《葡萄病虫害及其防治》一书旨在对葡萄生产中主要的病虫害加以描述，并结合其防治的理论基础提出防治的原则和方法。本书从理论到实践，从原理到技术，从理念到措施，从田间到采后，面向基层葡萄工作者、葡萄生产管理者、科研院校科技人员和学生等，全面、系统、实用的阐述葡萄病虫害症状及防控措施。

本书共分为五章：葡萄病虫害综合防治技术、葡萄园常用农药种类及施药要点、葡萄常见病害种类及防治、葡萄常见虫害种类及防治和生产中不利的环境因素影响。第一章综合介绍了病虫害防治原则，讲解农业防治、生物防治、物理防治、化学防治在葡萄病虫害防治中的应用；第二章介绍了生产中常用农药剂、杀菌剂型，农药的毒性、毒力与药效、作用原理以及使用方法；第三章涵盖霜霉病、炭疽病、白腐病、白粉病等十余种真菌性病害，根癌病、酸腐病等细菌性病害，少量的病毒类病害和线虫类病害，以及营养失衡症、裂果、落花落果、果锈、气灼、水罐子病等生理性病害，对每种病害发生的症状、病原、侵染循环和发病规律、防治原理、方法和要点加以描述；第四章主要讲述葡萄虫害的主要种类、分布、形态特征、为害方式、为害部位、传播途径及综合防治措施，详细讲解根瘤蚜、绿盲蝽、透翅蛾、短须螨、粉蚧等葡萄常见虫害；第五章主要讲述了葡萄生产中经常遭遇的涝、旱、寒、热、雹、雪等自然灾害天气对葡萄产业的影响。

本书所介绍的防治方法等均经过生产实践的验证，辅以前沿的病虫害及其防治的基础理论研究，各部分内容图文并茂，通俗易懂，适读性强。在撰写过程中，各位撰写者虽力求精益求精，但因收集的资料有限，难免有疏漏和不足之处，敬请读者不吝赐教。

编者

2021 年 5 月 28 日

目 录 | *Contents*

序
前 言

第一章　葡萄病虫害综合防治技术

第二章　葡萄园常用农药种类及施药要点

第四章　葡萄常见虫害种类及防治

第五章　生产中不利的环境因素影响

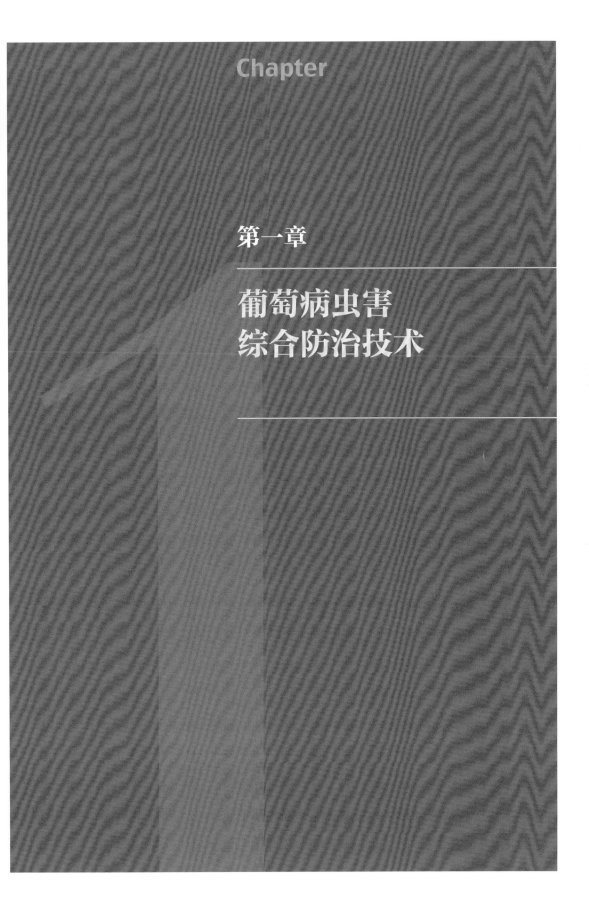

Chapter

第一章

葡萄病虫害
综合防治技术

葡萄病虫害变化与演替因素

葡萄是世界上重要的果树树种（苏来曼，2010）。2015—2017年中国葡萄栽培面积以年均1.35%的速率递增，连续3年位居世界第二，产量连续3年排名世界第一，鲜食葡萄种植面积多年来一直处于世界第一的位置。

葡萄种植过程中，经常受到病虫害的影响，病虫害的侵害威胁了葡萄的产量和品质，给葡萄生产造成经济损失，限制了葡萄产业的发展（朱云辉，1999）。随着葡萄种植区域的扩大，人类活动空间的增大、交往的频繁，以及环境条件和气候的变化，葡萄病虫危害区域逐步扩大，一些病虫危害程度、危害规律和危害种类也时有变化。总体上说，病虫危害种类在增加、规律在变化、防控难度也越来越大。

一、栽培方式

任何一种作物，连片规模种植同一品种，都可能导致适应该区域、该品种的病虫害的流行，灾害性发生，葡萄也不例外。葡萄连片种植比较容易造成灰霉病、霜霉病、白粉病等病害的流行（王博，2013）。同时，不同的栽培模式，也会导致病虫害的种类和发生程度有大的不同，比如避雨栽培的葡萄，减轻或避免了霜霉病、炭疽病和黑痘病等病害发生，但白粉病、灰霉病、红蜘蛛等病虫害危害加重，成为主要病虫害；套袋栽培，会减少中后期果实病害的侵染和发生，但会导致气灼病、粉蚧类害虫的发生危害。我国露地栽培、避雨栽培、促成栽培、延迟栽培、套袋栽培等栽培模式多样，任何一种栽培形式，都会面临特殊的病虫害问题。因为新栽培的区域、新采取的栽培模式，在开始几年病虫少危害轻，容易造成"新的栽培模式没有病虫害或危害轻"的假象，因为病虫害发生程度与菌卵的积累有关。如一年两熟栽培技术，也导致二熟果上的蓟马类害虫危害加重。

二、病害种群进化

霜霉病、炭疽病、灰霉病等病害，在种群进化上出现了明显甚至非常大的变异。这些变异体现在侵染性、寄主转化性、致灾规律变化、抗药性、形态变化等方面（李恩涛 等，2016），对抗病品种选育和鉴定、防控对策、有效药剂种类选择等都会有很大的影响。比如通过近几年对葡萄霜霉病的监测发现，长期侵染山葡萄的霜霉病菌不侵染'红地球'和'巨峰'，长期侵染'红地球'和'巨峰'葡萄的霜霉病菌不侵染山葡萄。所以，对于霜霉病的抗性品种选育和鉴定，变得更加复杂、更加艰苦，因此以前认为山葡萄比一般的欧亚种葡萄比较抗病的观点现在认为是有问题的。

三、生物因素

在自然界，一个物种的种群繁衍有生态作用，是整个生态系统的一部分；其他物种的变化，导致生态系统的改变而影响病虫害的发生和危害程度。在葡萄上，最明显的例子就是鸟害加重，导致酸腐病加重（秦晔 等，2014）；以及盲蝽类害虫的危害加重，成为葡萄上最重要的虫害；抗药性种类增加和抗药性强度加大，比如霜霉病的抗药性，导致防控效果降低或失效等，是另一事例。

四、气候变化

气候变暖及灾害性天气的频繁发生，也导致病虫害种类和危害程度变化。病虫害的越冬越夏、繁殖世代等，一般会随着气候变化而变化。一般小型昆虫和蜘蛛纲的害虫繁殖速度加快、世代增加、危害加重。在葡萄上，红蜘蛛类害虫及叶蝉、蓟马等小型昆虫类害虫，都表现出危害加重的趋势（韩云 等，2015），浙江海宁3月上旬封棚促早栽培葡萄园4月初发生红蜘蛛，而且小苗和大树上均发生。

五、人为因素

人类是生态系统中最强势的物种，影响着生态系统的变化，也影响着病虫危害种类和危害程度。影响最重要的方面包括人为传播危险性病虫害、使用农药导致的抗药性等方面。葡萄根瘤蚜、病毒病等在全国传播危害存在巨大风险，叶蝉、粉蚧等葡萄害虫传播到新的种植区的风险也普遍存在。

六、种植区域

自然界存在种类巨大的寄生性广的微生物和植食性昆虫，有一些存在寄生和危害其他物种的可能；葡萄作为营养丰富的果树，在种植到新的区域后，有可能成为当地物种的寄主。在葡萄上，云南文山的黑腿后缘叶甲、豆蚜和桃蚜开始危害葡萄、甘肃和新疆蠹虫类害虫蛀食葡萄枝蔓等，都与种植区域扩大有关。

第二节
葡萄病虫害防治特点

根据葡萄病虫害的发生时期和发生规律，以及已经掌握的病虫害发生特点，可以有针对性地进行病虫害的防治，葡萄病虫害的防治，需要根据病虫害的发生时期和发生规律，以及已经掌握的病虫害发生特点，有针对性地进行。下面对葡萄病虫害防治的时期特点、用药规范以及相似病虫害的区分进行了讲解。

一、物候期防控

（1）落叶后到萌芽前的防控　一年中最重要的一次病虫防治期，要彻底清园，清除蔓上老皮（一般是 3 年以上的），进行彻底清园。这次用药以 3 ～ 5 波美度石硫合剂为主（北方干旱地区），在雨水比较多的地方或者年份可以使用波尔多液等铜制剂，效果会更好。也可以根据实际情况采取别的药剂。

（2）芽茸球期的防控　从茸球至吐绿期，在 80% 左右的芽变为绿色（但没有展叶）时用药，能有效防治黑痘病、白粉病、红蜘蛛、介壳虫、毛毡病等。

（3）2 ～ 3 叶期的防控　当葡萄新梢生长到 2 ～ 3 片叶时，是防治红蜘蛛、绿盲蝽、介壳虫、毛毡病、蓟马、蚜虫、白粉病、黑痘病的关键时期。

（4）8 ～ 10 叶期的防控　当新梢生长至 8 ～ 10 片叶时，即花序分离期主要预防葡萄穗轴褐枯病、灰霉病、霜霉病和螨类。

（5）花序分离至初花期的防控　有 1% ～ 5% 的花序上有花蕾开花时，防治灰霉病、穗轴褐枯病、霜霉病、枝干溃疡病等病害和金龟子、透翅蛾、介壳虫等虫害。

（6）谢花至幼果期的防控　葡萄 80% ～ 100% 的花帽脱落至之后的 3d 内，防治灰霉病、白腐病、炭疽病、白粉病、霜霉病、枝干溃疡病等病害和金龟子、透翅蛾、红蜘蛛、介壳虫等虫害。

（7）果实套袋前的防控　在谢花后的 25d 左右，重点防治白腐病，兼防白粉病、炭疽病、霜霉病、粉蚧、螨类等病虫害，然后套袋。

（8）果实生长至成熟期的防控　套袋葡萄园主要注意霜霉病、红蜘蛛、介壳虫、叶蝉、斜纹夜蛾等叶上病虫害。未套袋除以上这几种病虫害外，注意防治酸腐病和吸果夜蛾。

（9）果实采收后至落叶前的防控　重点防治天蛾、叶蝉、斜纹夜蛾、霜霉病、锈病等。

二、用药建议

一般情况下，葡萄病虫害的发生程度并不十分严重，但是，由于部分棚户防治不及时，用药不合理、不科学，每年都出现不同程度的经济损失。因此，葡萄病虫害的防治十分重要，但在病虫害防治中，要抓住防治的关键时期，同时科学施用药剂，才能收到最佳的防治效果。

农药的使用应该在我国各物种的登记前提下，并严格按照最大残留标准（GB 2763—2016）。截至 2018 年年底，我国在葡萄上登记的农药有 74 种，包括 61 种杀菌剂、8 种生长调节剂、2 种除草剂和 3 种杀虫剂。另外，关于葡萄的限量标准有 70 项，浆果类水果限量标准 50 项，葡萄相关的限量标准共 120 项，涉及 136 种农药。其中没有登记、不属于禁用但有限量标准的农药有 53 种，对于此类农药要密切监控其施用剂量、安全间隔期等，保证合规施用。

药剂的正确选择需要到正规药店购买大厂家的产品，仔细阅读施用说明书，根据病虫害发生种类对症下药，依据病虫害危害特点确定喷药的重点部位，选择物候期关键点用药，重视烟熏剂和电热发生器的使用，轮换交替使用农药品种，同一种药剂在一个生长季内使用次数不超过 2 次。

化学防治因使用及管理不当导致葡萄中农药残留过量而影响食用安全，也会给葡萄酒酿造带来安全隐患，因此，在日常的葡萄病虫防治中物理防治、农业防治以及生物农药防治等绿色防控技术的研究越来越受到重视。

三、相似病虫害区分

葡萄病虫害的防治是围绕葡萄整个生长周期，有的病症相似、有的混合发生，给防治带来麻烦，因此正确识别、判断病虫害对有效防治至关重要。

（一）果实病症区分

（1）黑痘病与炭疽病　黑痘病病斑呈浅褐色，浅褐色病斑，稍微凹陷，中央灰白色，病斑周围深褐色，形状似鸟眼，近圆形，危害位置基本在幼嫩组织，病斑形状不规则，黑痘病俗称典型症状"鸟眼病"。而炭疽病，炭疽病菌花前花后可以侵染，但是发病是在果实近成熟期发病，且发病以后病斑会产生黑色小粒点排成同心轮纹，黑色孢子盘在环境潮湿时产生橘红色孢子团（张学静 等，2016）。

（2）白粉病与溢糖性霉斑　白粉病侵染葡萄果实是在幼果期开始，粉状，即使治愈以后会形成网纹状或者冰花状瘢痕，受害部位停止生长而造成果实裂果。溢糖性霉斑发生果实成熟后期，粉上斑块状，易发生在紫黑或黑色欧美杂交种品种上。

（3）房枯病与黑腐病　房枯病病粒萎缩后长出的不黑粒点，分布稀疏，颗粒较大，果蒂部位失水萎缩，呈不规则褐斑，后发展至全粒，病果干缩由紫变黑，挂树上不落。黑腐病病粒萎缩后长呈蓝灰色小黑粒点，分布密集，颗粒较小，圆形病斑，边缘紫褐色中间灰白色后全部腐烂，僵果为蓝黑色挂树上不落。

（4）房枯病与白腐病　房枯病病粒萎缩后长出的不黑粒点，分布稀疏，颗粒较大，病粒不易脱落。白腐病的病粒在干缩前产生一层很均匀的灰色小粒点，分布较密，颗粒较小，由果梗开始，沿果蒂蔓延至果粒，后成浅褐色软腐，有特殊的霉烂味，病粒易脱落。

（5）白腐病与苦腐病　白腐病呈浅褐色软腐，有特殊的霉烂味，分生孢子器呈球形，灰白色至灰褐色；而苦腐病初在果面出现白色斑痕，后果粒软腐，味苦，分生孢子盘位于表皮下，呈黑色，圆锥形或杯形。

（6）白腐病与枝干溃疡病　白腐病幼果期开始发生，病果表面产生大量颗粒状物。枝干溃疡病发生在果实转色期，穗轴出现黑褐色病斑，向下发展引起果梗干枯使果实转色不正常，严重的腐烂脱落，有的不脱落干缩。

（7）日灼与气灼　日灼病的本质就是太阳灼晒或者强光折射所伤造成的果面受伤，也就是说，必须要有强的光照和较高的温度，它的发病部位就是向阳面或者接触强光的部位，果粒集中发病，其他部位不会发病。气灼病的本质也是一种生理性失水，不过造成失水的原因更复杂，土壤黏重、板结、湿度过大，根系发育不良或腐烂，树体留枝梢过多叶面积过大，连续阴雨天一周以上后突然高温晴天，叶面蒸发量大于根系吸收水量时，造成叶片对果粒的水分胁迫，造成果粒失水。气灼病在果穗的任何部位都能发生，任何时间都会发生（李永发 等，2005）。

（二）叶片病症区分

（1）黑痘病与绿盲蝽　叶片穿孔易让人混淆黑痘病病害还是绿盲蝽虫害，因为症状非常相似，且都幼嫩组织上危害。

（2）黑痘病与大褐斑病、小褐斑病　发生部位的差异：黑痘病发生在幼嫩叶片上，病部穿孔、破碎，基本无病原物；大褐斑病发生在中下部叶片，病斑背面产生褐色霉层即分生孢子；小褐斑病发生在下部荫蔽处的叶片，病斑背面产生暗灰色霉层即分生孢子。

（3）霜霉病与白粉病　叶正面初为油渍状、透明，后呈枯黄色环死斑，叶背面的病斑处产生白色霜状物者为霜霉病；而白粉病叶正面呈现网状褐色斑纹，其上覆盖白色粉状物（刘会宁 等，2001）。

（4）毛毡病与根瘤蚜　毛毡病病斑表现叶正面隆起，背面呈凹陷状，凹陷处产生白色茸毛状物，后变褐色。根瘤蚜叶背凹陷处无白色绒毛状物。

（三）花序病——灰霉病与穗轴褐枯病症状区分

开花前后先在花梗、小果梗或穗轴一危害。灰霉病出现淡褐色、水浸状病斑，后变暗褐色软腐，潮湿时长出鼠灰色霉状物，干燥时感病的花序失水干枯脱落；穗轴褐枯病产生褐色水浸状斑点，扩展后果梗或穗轴内一段变褐坏死，潮湿时可见褐色霉层，不久失水干枯脱落。

（四）枝蔓病——白腐病与根癌病症状区分

白腐病发生在当年生新梢上，瘤的生长以木质部为中心，以韧皮部的加粗而形成瘤，瘤在病斑上端，瘤的下端部分或全部韧皮部腐烂，表皮纵裂成乱麻状。根癌病发生在 2 年生以上枝蔓或近地面根颈或侧根上，球形或扁球形或数个连成一起，形成不规则形瘤长在蔓一侧的表皮以外。

第三节

葡萄病虫害综合防治理论

坚持"预防为主，综合防治"的方针，合理选用农业防治、物理防治和生物防治，根据病虫害发生的经济阈值（马艳华 等，2014），适时开展化学防治。提倡使用诱虫灯、黏虫板、太阳能杀虫灯等措施，人工繁殖释放天敌。优先使用生物源和矿物源等高效低毒低残留农药，并按 GB/T 8321 要求执行，严格控制安全间隔期、施药量和施药次数。

一、防治思路

20 世纪 60 年代，生态学理论引入害虫的综合防治而产生了害虫综合治理（integrated pest mannagemengt, IPM）的概念，IPM 的基本思想是在最大限度地利用自然调控因素的基础上，辅之以农业防治、生物防治、物理防治和化学防治等措施，引导建立一个不利于害虫发生的生态系统，促进农业发展（Kogan M，2001）。

1975 年在全国植保工作会议上提出了，"预防为主，综合防治"的工作的方针。"预防为主"包括以下三方面内容：消灭病虫来源降低发生基数；恶化病虫发生危害的环境条件；及时采取适当措施，消灭病虫在大量显著危害之前。"综合防治"可以针对某一种病害或虫害，也可以针对某种在本地区发生的主要病虫，通过实施一系列的防治措施，达到控制其危害的目的。"综合防治"的内容一般包括植物检疫、农业防治、生物防治、物理防治和化学防治五大类。

葡萄园的病虫害综合防治是一个周年连续的过程，为了适应葡萄园病虫害综合防控措施的周年操作，在我国植保方针的指导下，在合理性、逻辑性和使用性的框架内，应用绿色防控理念、生态友好理念和可持续发展理念，把葡萄园的病虫害综合防治具体化为易操作的周年规范化防控系列措施，并且把这种病虫害综合防治的具体做法命名为葡萄病虫害的规范化防控技术。葡萄病虫害规范化防控技术核心：明确本地区葡萄病虫害的种类及发生规律；根据品种特点和地域特点及栽培模式制定病虫害防控措施。

葡萄病虫害其实需要以预防为主，预防与栽培、管理、肥水都息息相关，化学防治只是一个方面。而病虫害的预防也需要和其发生状况以及发生规律相结合，农药只是一种工具，使用得当可以保护植物，保障食品安全，提高农作物产量，改善农产品品质；如果不能科学合理的使用，不仅给环境造成污染，而且危及人类健康。

（1）"预防为主，综合防治"　葡萄病害的防治中，如果能做到将其发生状况以及发生规律相结合，就可以对整个病虫害管理工作起到事半功倍的效果，同时要做好综合防治，病虫害的管理工作不仅仅包括化学防治，化学防治只是管理手段之一，近年来随着人们对农产品安全和品质的重视，综合防治手段得到更多人的青睐，病虫害的发生状况和果园的栽培、管理、肥水都息息相关。

（2）根据果园状况，制定个性化防治方法　实际上，针对每一个园子都要有合适的药剂选择，方案是个性化的，要用好保护性药剂，根据持效期选择用药时间，药剂品种和天气都能影响药剂持效期，因此要根据这些做好施药时间的规划。另外，如嘧菌酯和吡唑醚菌酯的持效期还和施药质量有关，当用药不规范的时候，持效期会缩短。比如说对霜霉病的治疗，保护性药剂使用得当，就不会有霜霉病。但是有的葡农在没有发生霜霉病的时候会加一点治疗性的药剂，这样做一旦发生霜霉病的时候，已产生抗性影响效果。也就是保护性药剂用好，治疗性药剂要慎用。葡农不要随意加大药剂，这样会使药剂使用越来越多，最后效果还不怎么好。比如说 50% 烯酰吗啉，病害发生严重的时候 800 倍、1500 倍的使用，同样是霜霉病的防治，在怀化的一个园子，有人用到 4000 倍，效果还是很好。每一遍施药都有保护性药剂的情况下，即使发生霜霉病也会比别的园子晚半个月，而且发生后随便用一点药就可以打住。

关于药剂的选择，预防上要选择保护性的药剂，不同品种的杀菌谱、防治范围、持效期、安全范围不太一样，所以要根据自己园子的情况选择合适的药剂。对一个园子，要针对所有可能发生的病害来选择合适的药剂，不一定越贵越好，关键是看是否需要。总体上原则，一种药剂能解决不选择两种药剂，尽可能少用药。

病虫害的防治和药剂选择上需要根据当地的气候条件、病虫害发生情况、栽培品种、栽培模式来确定大致的防治方向。例如有些地方有黑痘病发生的条件，但是如果防治比较好或者该地区多年来没有发生过黑痘病，就可以不需要防治黑痘病。

（3）分析症状，对症下药　一旦田间发生病害，说明施药方式、间隔期或药剂选择上有一定问题，那么就从这几个方面入手来解决，找到原因就能高效应对。药剂没有最好的，只有最恰当的、最合适的。

很多病害的发生都和栽培措施密切相关，同一个地区栽培措施得当，5次左右施药就可以了，但是栽培措施不得当，10～20次施药都不一定能解决问题。又比如田间枝条过密，会影响施药质量。树相调控，保持树势中庸，易防控病虫害。在国家葡萄产业体系杭州综合试验站浙江宁波余姚干焕宜基地大棚葡萄全程3～5次药，采用"一"字形、"H"形整形，枝梢分布均匀，加上合理用肥，树势中庸，欧亚种'美人指'短梢修剪连年优质稳产。而其他的果园在开花前也不止3次药，花芽分化节位高，产量不稳，病害难控。

控制病害有很多措施，不仅依赖打药。比如通过风传播的灰霉病、白粉病，如果发病了，把发病部位摘掉带出去再用药易控制，但是如果不摘除发病部位，可能2～3次药都不一定能控制。

二、农业防治

农业防治是根据栽培管理的需求，结合农事操作，采用合理的农业技术措施，有目的地创造有利于果树生长发育而不利于病虫害发生的生态环境，以达到增强树体的抗逆性，抑制病虫害发生或减轻病虫害危害的目的（申明启，2007）。

在果园的栽培管理中，通风透光是影响植株生长和果实品质重要指标，在合理的叶幕和冠幅比之下可以有效地控制和减少病虫害的发生并达到生产优质、稳产的葡萄果实。但实际生产中常常为了达到较高的产量或者栽培管理手段不当，以及某些品种特性等原因都会造成果园郁闭，这样的种植模式和管理情形之下，葡萄的生长环境会出现很多不利因素：地下根系互相缠绕争夺地下水分和营养，造成地下营养的供给匮乏，同时过多的消耗自身营养，管理者为了满足树体需求又要大量补充化肥，造成了成本增加和土壤环境的恶化；种植环境光照不良，密植造成叶幕的分布不合理，叶片的郁闭和互相遮挡，欧美种花穗见不到光影响坐果率，叶片始终有一部分处于消耗状态，光合作用受到影响，同化物质不能完全积累，延长了葡萄的开花期，增加花果管理难度；气体交换受到影响，尤其矮化密植，环境内的循环气流和上升气流受到阻碍，同时过密的枝叶消耗了大量二氧化碳，造成二氧化碳的缺乏，严重影响了呼吸作用，同时有害气体不能及时排除，对环境造成恶劣影响；根系呼吸受到抑制，葡萄园密植需要增加施肥供水量，使土壤浓度和水分始终处于一种较高含量状态，减少了氧气供应，呼吸困难。

（一）葡萄园改密为疏措施

葡萄在密植模式之下，一直处于高温高湿密闭的逆境环境中，葡萄长时间处在逆境环境之下，体内会产生大量的脱落酸，脱落酸能增加树体抵御自然灾害的能力（陆丽珍 等，2011），尤其是防病过程不慎的情况下，用了三唑类药剂，脱落酸增加得更快，脱落酸的产生伴随着乙烯的增加，二者是正相关的，对于近成熟期的葡萄，乙烯的增加加速了生殖过程，刺激葡萄尽快完成生殖过程，这属于一个自疏过程。为了更好地改善因为密植造成的负面影响，建议开展以下工作。

（1）改变架势　葡萄园应合理安排种植结构，改矮化密植结构为高架稀植，加大行距，培养大树形，改群体优势为单株优势，将高干平棚架星状形型和低干的双十字"V"形架改为南方"一"字形或"H"形，整形飞鸟形叶幕，北方"厂"字形，结果枝高度增加到1.6m左右，具体大部分操作工的高度而定。

（2）增加土壤有机质含量　增加根系的呼吸作用，增加孔隙，增加根际氧气与外界交换量，增加根际周围菌根数量。

（3）设施环境可以制造秸秆反应堆　空间放置二氧化碳发生装置，或者喷施二氧化碳捕集剂，增加环境二氧化碳浓度，增加光合作用，打破呼吸抑制。

（4）合理使用植物生长调节剂　通过生长抑制剂控制葡萄树营养生长，减少直接使用于果穗保果、膨大方式，不仅提高果品质量，还可以减少裂果的发生。

（5）春夏季管理和秋季管理　春、秋季管理对下年管理影响很重要，重视夏季的生根管理，秋季的养根护根，营养的储存，这个环节掌握好了，会使每个生长周期形成一种良性循环。

（6）小枝更新或留营养枝　更新方式上尽量小更新或者留营养枝的方式，葡萄的产量与葡萄的主干横截面呈正比，主干粗，理论产量高。主干型大树形有更大的营养储存体，减少修剪带来的养分流失，为翌年储存了更多的养分基础。连年的平茬更新使得根系与树体越来越弱，使植株进入提前衰老状态，生理问题越来越多。

（二）选用抗性品种和脱毒苗木

葡萄病虫害的发生不仅受到环境、气候与土壤特点的影响，与本身的品种特性也密不可分，根据外界环境条件以及栽培设施筛选优质、抗病害、抗虫害、抗逆性强的品种对于葡萄的栽培管理和病虫害防治意义重大。

以欧美种和欧亚种为例，二者在组织结构、生长环境和抗性方面有着非常大的差别。

（1）叶片细胞结构　欧亚种葡萄叶片较薄，栅状组织占叶片厚度的1/5，叶绿素含量较少，故色泽较浅；欧美种葡萄叶片较厚，栅状组织占叶片厚度的1/3，叶绿素含量较多，叶色深。

（2）温度　欧美种葡萄比欧亚种葡萄落叶早，进入休眠期的时间也早，枝条抗冻能力比欧亚种葡萄好。成熟的欧美种葡萄枝条可抗 –20℃低温，而成熟的欧亚种葡萄枝条只能抗 –15℃的低温。葡萄根系抗寒力较差，但不同种群间也有一定的差异。欧亚种葡萄的根系在 –5 ～ –3℃时即可遭受冻害，欧美种葡萄可抗 –7 ～ – 4℃低温。

（3）光照　葡萄是长日照植物，日照长时新梢才会生长，日照缩短则生长缓慢，成熟速度加快。欧美种葡萄比欧亚种葡萄对光周期的变化更为敏感。在北方地区，日照变短时，欧美种葡萄枝条成熟加快，成熟度良好。欧亚种的许多品种对光照周期不敏感，但在生长季节短的地区枝蔓不易成熟，越冬期耐寒力降低。

（4）抗病性　一般欧美种葡萄较抗病，欧亚种葡萄易感病。葡萄品种间抗病性差异的原因是多方面的，除了与基因有关，和形态学、解剖学也有关系。比如，叶背气孔数目、气孔开张角度与抗病性有关，单位面积上气孔数目多、开张角度大，则易于感病。欧亚种品质优、抗病性差，多在我国北方干旱地区种植，主要品种有'红地球''无核白''弗蕾无核''无核紫''玫瑰香''里扎马特''乍娜''克瑞森无核''无核白鸡心''奥古斯特'等；我国南方多雨地区多种植欧美杂交种葡萄，如'天工墨玉''夏黑''藤稔''醉金香''早甜''巨峰''户太8号''天工玉液'等。

（三）物候期配套的农艺措施

（1）芽茸球期至 2 ～ 3 叶期　双天膜或单天膜促成栽培的全园铺地膜或旧膜，降低棚内湿度，防灰霉病发生。'天工墨玉''夏黑''无核翠宝''天工翡翠'等无核或'阳光玫瑰''户太8号''醉金香''香悦''状元红'等需无核化处理的品种及'天工玉柱''瑞都香玉''新雅''新郁''红地球'等欧亚种抹芽。

（2）新梢 10cm 时　新梢长到 10cm 时对有籽栽培的品种如'天工玉液''春光''蜜光''宝光''峰光''巨峰''早甜''沈农金皇后''信浓乐'等抹芽，有利于坐果。

（3）5 叶 1 心（花序显露时）　定梢，按叶的大小、是否易日灼、生长势来确定梢间距，小叶型品种和弱树枝如'寒香蜜'间距定在 12 ～ 18cm，大叶型品种和旺树枝如'天工墨玉''醉金香''阳光玫瑰'间距定在 18 ～ 22cm。无核品种或需拉长花序的欧亚种在花序上方出现可辨认的两小叶时留 1 叶摘心，这种摘心方法有利于花序拉长减少疏果工作量，受光充足的花序发育更健壮有利于坐果。药液喷洒花序均匀到位。

（4）8 ～ 10 叶期花序分离期　按梢距均匀绑缚新梢，欧美种副梢及时抹除，欧亚种留 1 ～ 2 叶绝后摘心，让花序见光。

（5）初花期　园中看到开花，对有籽栽培的欧美种花上留 5 ～ 6 叶摘心或用打梢机械打头，面积较大的用助壮素喷梢头抑制营养生长，有利于坐果。对坐果适宜的品种如'天工玉柱''新雅'等始花期至盛花期摘心。对坐果太多的品种如'美人指''红亚历山大'等开花结束时摘心。

（6）谢花至幼果期　花谢 80% 时，用药防治灰霉病、白腐病、炭疽病、霜霉病、透翅蛾等病虫害。一般防病虫害的药剂与植物生长调节剂相隔 3d 施用，尤其是乳油剂混用易药害。

保果或无核处理后立即灌水防僵果。

（7）坐果后至果实套袋前　谢花后的 20 ～ 25d 完成疏果，疏果后立即防病，尤其是灰霉病、霜霉病、枝干溃疡病。防日灼、气灼。

（8）果实生长至成熟期　连续阴雨天一周左右突遇高温注意防日灼、气灼，不易着色的品种拆袋，园内最好早成熟的果实香气出现前安装防鸟网，防鸟害引起酸腐病。

（9）果实采收后至落叶前　采果后及时处理枝蔓，使枝蔓光照充足，9 月中旬对南方地区枝不易成熟用助壮素全园喷施。另外，根据物候期做好设施栽培棚内温湿调控工作，能够有效控制病虫害发生条件。

表 1-1　不同物候阶段棚内温湿度控制

物候期	湿度（%）	适宜温度（℃）	最低温度设置（℃）	最高温度设置（℃）
封棚至萌芽期	85 ～ 90	10 ～ 20	5	30
萌芽期至开花前	60 ～ 70	15 ～ 25	7	28
开花期	50 ～ 60	20 ～ 28	15	30
谢花后至幼果期	60 ～ 70	25 ～ 28	20	32
着色至成熟期	60 ～ 65	25 ～ 28	20	35

三、生物防治

生物防治是利用对植物无害或者有益的生物来影响或者抑制病原物、害虫的生存活动，从而减少病虫害的发生降低病虫害的发展速率（胡贵民，2017）。生物防控技术重点推广应用成熟产品和技术的示范推广力度，积极开发植物源农药、农用抗生素、植物诱抗剂等生物生化制剂应用技术。另外，利用生物多样性调控与自然天敌保护利用等技术，改造病虫害发生源头及孳生环境，人为增强自然灾害控害能力和作物抗病虫能力。

（1）病原微生物及其产物的利用　近年来随着人们对生物防治技术倍加重视，生物防治研究取得较大的进展，不断发展为以拮抗微生物的利用、重寄生微生物的利用和弱致病株系交互保护利用等；

（2）寄生和捕食性天敌的应用　以虫治虫、以螨治螨、以菌治虫、以菌治菌等生物防治关键措施，加大赤眼蜂、捕食螨、绿僵菌、白僵菌、微孢子虫、苏云金杆菌（BT）、蜡质芽孢杆菌、枯草芽孢杆菌、核型多角体病毒（NPV）、园内牧鸡牧鸭等。

（3）利用昆虫激素防治害虫　昆虫的生长、发育、蜕皮、变态、繁殖、滞育等功能和交配活动，受到体内产生的各种类型的激素调控，这些激素的平衡被打破或遭到破坏，在葡萄上，可以用防生制剂灭幼脲 1 号防治鳞翅目的害虫。

（4）利用其他植物作为病害发生的指示作物　玫瑰不仅是爱情的见证者，还是葡萄园里的守护神。葡萄种植者通常会在葡萄树中间栽培玫瑰花，这主要有以下几个方面具体的原因。① 玫瑰花与葡萄在生长过程中存在相似的病害，而且玫瑰花对病原菌更加敏感，通常会比葡萄先感染疾病，起到了预先警告作用。在气候潮湿的地带，葡萄藤容易感染疾病，栽种玫瑰用来早期预测霉病（例如霜霉病、灰霉病）和根部坏死。而且玫瑰对白粉菌特别敏感，当发现玫瑰有白粉病时，葡农就可以及时给葡萄打药，防止白粉病大规模破坏葡萄，以保证葡萄的品质，减少葡农的损失。② 纯种的玫瑰，枝干布满了密密麻麻的小刺，在早期葡农还用马耕地的时候，为了避免马匹毁坏标桩，种上带刺的玫瑰花，阻止马匹继续向前。③ 玫瑰花有很高的观赏性，伴有淡淡的迷人香气，所以给葡萄园带来了视觉嗅觉上的提升，庄园景色迷人，空气弥漫独有的芬芳，令人心旷神怡。所以如今的葡萄园还在继续这个传统。

图 1-1　灾害指示物玫瑰

四、化学防治

利用化学试剂进行的病虫害是生产上应用最广泛、见效最快的防治方法，但也同时带来了葡萄、空气和土壤的农药污染问题，对此，国家科技部于 2018 年开始开展"化学肥料和农药减施增效综合技术研发"项目，倡导研发高效低风险小分子农药和制剂。

（一）葡萄园禁止、限制使用的农药

禁止使用：甲胺磷，甲基对硫磷，对硫磷，久效磷，磷胺，六六六，滴滴涕，毒杀芬，二溴氯丙烷，杀虫脒，二溴乙烷，除草醚，艾氏剂，狄氏剂，汞制剂，砷、铅类，敌枯双，氟乙酰胺，甘氟，毒鼠强，氟乙酸钠，毒鼠硅，苯线磷，地虫硫磷，甲基硫环磷，磷化钙，磷化镁，磷化锌，硫线磷，蝇毒磷，治螟磷，特丁硫磷。

限制使用：甲拌磷，甲基异柳磷，内吸磷，克百威，涕灭威，灭线磷，硫环磷，氯唑磷，水胺硫磷，灭多威，硫丹，溴甲烷，氧乐果，三氯杀螨醇，氰戊菊酯，丁酰肼（比久、B9），氟虫腈。

（二）不同病害药剂使用

浙江省农业科学院、浙江省农业厅等结合葡萄生产实际和病虫发生防治需要，经试验、调查、质量安全检测、风险评估等结果而制定发布了葡萄主要病虫防治用药指南。

表 1-2　葡萄主要病虫防治用药指南

防治对象	农药通用名	含量	制剂用药量	使用方法	关键时期	每季使用最多次数	安全间隔期（d）
灰霉病	啶酰菌胺 *	50% 水分散粒剂	500～1500 倍液	喷雾	花前 1～3d	3	7
	咯菌腈 *	62%	1000～2000 倍液	喷雾	花后	3	14
	异菌脲 *	500g/L	750～1000 倍液	喷雾	花前、花后、幼果期	3	14
	芽孢杆菌 *	5 亿活芽孢/ml	700 倍液	喷雾	生长期	—	—
	嘧菌环胺 *	50% 水分散粒剂	400～700 倍液	喷雾	花前、花后、幼果期	2 次	14
霜霉病	吡唑醚菌酯 *	0% 水分散粒剂	1000～2000 倍液	喷雾	发病初期	3	14
	双炔酰菌胺 *	23.4% 悬浮剂	1500～2000 倍液	喷雾		3	7
	哈茨木霉菌 *	3 亿 CFU/g 可湿性粉剂	200～250 倍液	喷雾	发病初期、开花期、幼果期、中果期、转色期各	2	35
	丁子香酚 *	0.3% 可溶液剂	500～650 倍液	喷雾			
	啶氧菌酯 *	22.5% 悬浮剂	1500～2000 倍液	喷雾		3	14
	霜脲氰 *	50% 水分散粒剂	1200～1500 倍液	喷雾		3	15
	氢氧化铜 *	77% 可湿性粉剂	600～700 倍液	喷雾	采收后 - 落叶		
白腐病	戊菌唑 *	10% 乳油	2500～5000 倍液	喷雾	花序分离期	3	30
	氟硅唑 *	40% 乳油	8000～10000 倍液	喷雾	幼果期	3	28
	戊唑醇 *	250g/L 水乳剂	2000～2500 倍液	喷雾	成熟前半个月	3	7
白粉病	石硫合剂 *	29% 水剂	6～9 倍液	喷雾	萌芽期、修剪、清园期	2	15
	己唑醇 *	25% 悬浮剂	8350～11000 倍液	喷雾	幼果至成熟前	3	21
	嘧啶核苷类抗菌素 *	4% 水剂	400 倍液	喷雾	开花前～幼果期	3	7
酸腐病	肟菌酯 *	50% 水分散粒剂	3000～4000 倍液	喷雾	果实膨大期	2	14
	吡丙醚	10% 悬浮剂	500～800 倍	诱剂	成熟期	—	—
黑痘病	氟硅唑 *	400g/L 乳油	8000～10000 倍液	喷雾	花前	3	28
	啶氧菌酯 *	22.5% 悬浮剂	1500～2000 倍液	喷雾	花后	3	14
炭疽病	抑霉唑 *	20%	800～1200 倍液	喷雾	开花前、花期、套袋前果穗处理期	3	14
介壳虫	噻虫嗪 *	25% 水分散粒剂	4000～5000 倍液	喷雾	幼果期	2	7
绿盲蝽	苦皮藤素	1% 水乳剂	30～40ml/亩①	喷雾	开花前（始花期）	2	10
调节生产	单氰胺	50% 水剂	25～50 倍液	喷雾	萌芽前10～25d	1	—

注：标有 * 者表示该农药在葡萄上已登记；未标 * 表示该农药在其他果蔬上已登记。

――――――――――

① 1 亩 ≈ 1/15 hm²。

（三）不同类型葡萄的化学防治

葡萄病虫害种类繁多，各品种之间也有着栽培模式、修剪方式、抗性强弱等显著差异，在此基础上，根据欧亚种和欧美杂种的品种特性，总结出适合两类葡萄的行之有效的栽培控病方法，既可以达到理想的科学防治效果，又能达到控产提质的目的。

1. 欧美杂交种葡萄设施栽培的病虫害化学防治

（1）休眠期　雨后剥老皮，减少东方灰蚧等越冬虫卵。

葡萄芽茸球期，地面、葡萄架和芽喷铲除剂 3 ～ 5 波美度石硫合剂或 30% 机油·石硫乳剂 800 倍，对防治黑痘病有特效，同时杀死越冬虫卵。

（2）展叶期　用 1% 苦皮藤素（每亩 30 ～ 40ml）防治绿盲蝽，露地兼防黑痘病。悬挂黄色板诱杀蚜虫（每亩 20 块）。

（3）8 ～ 10 叶期　重点防治穗轴褐枯病兼防灰霉病，用 50% 咯菌腈 2500 ～ 3000 倍等防治。

（4）开花前后　重点防治灰霉病、穗轴褐枯病、白腐病、白粉病、葡萄透翅蛾和葡萄虎天牛、介壳虫。花前至初花期喷 50% 啶酰菌胺 1500 倍 + 硼砂 1000 倍；花后（落花期）喷阿米西达 1500 倍 +50% 嘧菌环胺 1000 倍 + 磷酸二氢钾 500 倍 +35% 氯虫苯甲酰胺 25000 倍液。防治金龟子用糖醋药液诱杀（糖∶醋∶酒∶水∶90% 敌百虫 =3∶6∶1∶9∶1）。

（5）坐果后　套袋前重点防治白腐病，兼防白粉病、炭疽病、霜霉病、介壳虫等病虫害，用 20% 抑霉唑 1000 倍 +50% 肟菌脂 4000 倍 +25% 噻虫嗪 5000 倍处理果穗。用蓝色黏板诱杀醋蝇、蓟马。

（6）转色至成熟期　防酸腐病用 5% 吡丙醚 500 ～ 800 倍加 10% 高效氯氰菊酯 500 倍诱杀醋蝇；防治吸果夜蛾用糖醋药液诱杀（糖∶醋∶酒∶水∶90% 敌百虫 =6∶3∶1∶10∶1）；用蓝色黏板诱杀醋蝇、蓟马。

（7）采果后后至落叶前　重点防治天蛾、叶蝉、霜霉病等。用 86% 波尔多液或必绿（喹啉酮）等预防霜霉病，1% 苦皮藤素（每亩 30 ～ 40ml）或阿维·哒螨灵防治虫害。

2. 欧亚种葡萄设施栽培的病虫害化学防治

（1）休眠期　雨后剥除老皮，减少东方灰蚧、粉蚧等越冬病虫卵。

（2）葡萄芽茸球期　地面、葡萄架和芽喷铲除剂 3 ～ 5 波美度石硫合剂或 30% 机油·石硫乳剂 800 倍，同时杀死越冬虫卵。

（3）展叶期（2 叶 1 心期）　用 25% 噻虫嗪 5000 倍防治绿盲蝽。

（4）8 ～ 10 叶期　用 50% 咯菌腈 2500 ～ 3000 倍重点防治穗轴褐枯病等。

（5）开花前后　重点防治灰霉病、穗轴褐枯病、白腐病、白粉病、葡萄透翅蛾和葡萄虎天牛、红蜘蛛、金龟子。花前至初花期喷 50% 啶酰菌胺 1500 倍 + 阿米西达 1500 倍 +10% 阿维·哒螨灵 3000 倍液；花后（落花期）喷抑霉唑或阿米西达 +50% 嘧菌环胺 1000 倍 +35% 氯虫苯甲酰胺 25000 倍液。防治金龟子用糖醋药液诱杀（糖∶醋∶酒∶水∶90% 敌百虫 =3∶6∶1∶9∶1）。

（6）坐果后套袋前　重点防治白腐病，兼防白粉病、炭疽病、霜霉病、介壳虫等病虫害，用20%抑霉唑1000倍+38%唑醚·啶酰菌2500倍+25%噻虫嗪5000倍处理果穗。用蓝色黏板诱杀醋蓟马套袋后用铜制剂防治叶部病害。

（7）转色至成熟期　防酸腐病用5%吡丙醚500～800倍加10%高效氯氰菊酯500倍诱杀醋蝇；防治吸果夜蛾用糖醋药液诱杀（糖∶醋∶酒∶水∶90%敌百虫=6∶3∶1∶10∶1）；用蓝色黏板诱杀醋蝇、蓟马。

（8）采果后后至落叶前（9月上、中旬）　重点防治天蛾、叶蝉、霜霉病等。用86%波尔多液或必绿（喹啉酮）等预防霜霉病，1%苦皮藤素（每亩30～40ml）或阿维·哒螨灵防治虫害。

（四）清园时的药剂使用

清园即清除上一年的病菌和虫害发生发展的源头，降低病虫害指数，为当年的防治病虫害降低防治难度。

石硫合剂一直是清园药剂的主力军（李向阳 等，2002），因其制作方法简易，成本低廉，使用效果良好等优点使其传承下来，为广大葡萄种植者普遍使用。但随着近几年建材行业（石灰主要用于建筑材料）对石灰需求量的减少和环保力度的加强（生产石灰、硫黄过程会污染环境），以及人工成本的普遍上涨，石硫合剂不再是首选，经过几年的实践运用，有几个药剂组合基本达到了需求效果，下面列举一下：戊唑醇+毒死蜱。

戊唑醇是一种高效、广谱、内吸性杀菌剂，具有保护、治疗、铲除三大功能，可以通过植物的叶片和根系吸收，在体内传导和进行分布，主要对真菌病菌起抑制作用，主要防治溃疡病、黑痘病、白粉病、锈病、霜霉病等真菌性病害和细菌性病害；毒死蜱具有触杀、胃毒和熏蒸作用，防治咀嚼式口器和刺吸式口器害虫及螨类，在土壤中还有防治地下害虫的作用。用这两种药剂配合清园，主要是利用它们的触杀、熏蒸的作用方式，防效好，杀虫、杀菌谱广，使用时间宽泛，操作简单安全，整个萌芽期都可使用。硫黄干悬剂+氟啶虫胺腈等。

干悬剂是农药剂型的一种，也属于混悬剂，水中分散效果好，性状稳定。清园剂选用硫黄干悬剂，药效等同于诸如石硫合剂等其他药剂，但是安全性非常高，混配性良好，成本低廉。但是硫黄干悬剂有个缺点，就是杀虫、杀卵、杀螨效果差，所以，要与杀虫类杀螨类药剂复配以达到良好的使用效果。在具体使用的时候，清园要分2次，第一次全树、架面、立柱全面喷雾，7～10d后地面消毒。为使清园更彻底，必须使用足够的药水量，每亩每次用水量至少达到60kg。第一次硫黄干悬剂300倍+氟啶虫胺腈3000倍或70%吡虫啉7500倍或呋虫胺2000倍。第二次：硫黄干悬剂500倍+氟啶虫胺腈3000倍或70%吡虫啉7500倍或呋虫胺2000倍。硫黄干悬剂对于薄膜的污染危害远远小于石硫合剂，是设施栽培的首选药剂。

矿物油是天然矿物源农药。矿物油能在果树树体表面形成一层保护膜，起到防止外来病虫侵袭的作用，能防治真菌和细菌性病害，使用后，能有效杀灭各种越冬害害虫和虫卵，减少全年病虫基数，防效较常用使用石硫合剂等显著。在使用的时候，对于往年虫害较重的果园，优先推荐使用。要想达到更好的使用效果，还可以与石硫合剂乳剂或者石硫合剂干悬剂复配使用，效果更佳。

波尔多液为保护性杀菌剂，有效成分是碱式硫酸铜。通过释放可溶性铜离子而抑制病原菌孢子萌发或菌丝生长。在酸性条件下，铜离子大量释出时也能凝固病原菌的细胞原生质而起杀菌作用，有效地阻止孢子发芽，防止病菌侵染。波尔多液本身并没有杀菌作用，作用机理是当它喷洒在植物表面时，由于其黏着性而被吸附在作物表面。而植物在新陈代谢过程中会分泌出酸性液体，加上细菌在入侵植物细胞时分泌的酸性物质，使波尔多液中少量的碱式硫酸铜转化为可溶的硫酸铜，从而产生少量铜离子，进入病菌细胞后，使细胞中的蛋白质凝固。同时铜离子还能破坏其细胞中某种酶，因而使细菌体中代谢作用不能正常进行。在这两种作用的影响下，能使细菌中毒死亡。

它可以防治葡萄黑痘病、炭疽病、霜霉病，使用的浓度为石灰少量式波尔多液160倍液，使用波尔多液作为清园剂的时候对防治葡萄病害效果好，防虫效果差。在北方露天或者其他地区虫害轻微的地区选择使用。也可选择使用成品波尔多液（必备）混配杀虫剂使用（必备中性，混配效果好）。

以上讨论了几种清园药剂方案，选择的时候按图自己实际情况选择使用。在清园的时候，还有一些需要注意的事项：

（1）清园的时间的选择　清园的目的是铲除越冬的病菌和害虫，但药剂使用受气候影响很大，气温直接影响药效的发挥。最佳防效温度达到18～20℃以上，不超过25℃是用药的最佳时机。气温低，虫害和病菌不活跃，药性发挥作用不理想，防治效果也低下。所以清园一定要抓好喷药最佳时机，最好是雨后的温度适中的无风天气。葡萄园施药之前要清理。要将枯枝病叶清理出去，越冬枯草和常绿杂草铲除。架材整理工整，树皮扒除老翘皮。大多数病菌、虫卵都在残枝落叶和枯草中，将这些东西清理出果园十分重要。一定引起足够重视。

（2）清园药剂用量　无论选用哪种药剂，最终决定效果的还有喷药的质量。要足量、细致、不留死角。每亩每次使用量要达到60kg以上。对于管理粗放、上年病虫害严重的葡萄园可以选择两次用药，秋季和春季各一次，秋季尽量提前，春季尽量延后，春季清园是重点。萌芽透绿期是普遍施药时期，过早过晚都不理想。

（3）施药时间　施药时需要关注天气，如果遭遇连天雨要选择延后施药，药剂选择安全性高的药剂。个别基部叶片展叶不超过5%，仍能继续施药。

五、物理防治

物理防治是利用光、热、电、辐射能等各种物理因素和机械设备来捕杀、诱杀、阻隔、窒息病虫害（高照全 等，2013）。理化诱控技术重点推广昆虫信息素（性引诱剂、聚集素等）、杀虫灯、诱虫板（黄板、蓝板）防治蔬菜、果树和茶树等农作物害虫，积极开发和推广应用植物诱控、食饵诱杀、防虫网阻隔和银灰膜驱避害虫等理化诱控技术。

运用色板诱杀与灯光诱杀技术葡萄萌芽后，在温室内放置黄色黏虫板，用以诱杀葡萄蚜虫、白粉虱、斑叶蝉等害虫；萌芽期后，设施内悬挂蓝色黏虫板，用以诱杀葡萄的蓟马等害虫。频振式杀虫灯采用的功率为30W、输入电源220V，距离地面100～150cm，每天开灯时间

图 1-2　物理防治方法
a. 蓝板诱杀蓟马、醋蝇等；b. 黄板诱杀叶蝉；c. 诱捕器；d. 太阳能杀虫灯；e. 驱鸟剂；f. 昆虫诱捕器；g. 夜蛾类诱捕器

为当日上午 9：00 至次日清晨 4：00 为宜。

性诱剂与饵料诱杀技术　采用性诱剂诱杀葡萄的虫害，采用斜纹夜蛾、甜菜夜蛾等性诱剂的诱芯，置于预先配套的诱捕器内，距离地面 80～100cm 处；将经过 30～40d 厌氧发酵过的牛羊马粪等置入，可将危害葡萄根系的蝼蛄、地老虎等地下害虫消灭。

糖醋液与草木灰诱杀治虫技术　将白糖、米醋和清水按 1：4：16 的比例混合并搅拌均匀，按 6 盆 / 亩的标准悬挂，并与性诱剂进行配合应用；另外，可将草木灰和水按 1：5 的比例进行配置，浸泡时间为 24h，取出滤液后在葡萄植株上进行喷洒，防治蚜虫等。

另外，使用银灰膜铺葡萄园畦面，可以阻隔白腐病病菌传播；利用果实套袋、人工捕杀。

六、基因芯片

葡萄病虫害的诊断可以通过一些生物技术在早期快速鉴定，目前已经应用于实际生产的有：基因芯片、病害预测模型。基因芯片技术也称为 DNA 微阵列（microarray）技术，是近年来在核酸杂交技术基础上发展起来的一项高新技术（刘毅 等，2006），综合了分子生物学、材料科学、信息科学和计算机技术等多种科学技术，可以同时对多种病原物进行检测，同时可以对混合病原物的种类和数量进行检测，是植物病害基因诊断技术上一个巨大进步。该技术将各种病原物的基因片段或特征基因片段合成后点样，制成基因芯片，以荧光标记的待检核酸与芯片进行杂交，杂交信号经扫描进行检测和分析，最后用计算机软件进行结果判断。基因芯片技术可以一次性对大量病原物进行筛查，解决了传统核酸杂交技术操作繁杂、检测效率低、自动化程度低等不足。

七、诊断与防治

病害预测模型是指从病害流行系统的监控、因子选择、结构及应用等方面综述了利用农业气象模型预测病害的过程。在病害预测中：① 构建符合客观规律的病害预测数学模型是研究的核心问题，以病原菌的发育生物学特性为基础，通过与气象因素拟合建立模型对病害发生发展的趋势进行预测预报；② 病害流行系统的检测是病害预测的前提，要求对整个病害系统，包括寄主、病原和环境条件的实际状态和变化进行全面持续定性和定量的观察和记录，以便建立可靠的预测模型。

病害预测模型的整个过程主要包括：① 预测因子的选择；② 模型结构和方法模型的选择；③ 模型构建方法及应用效果的预测；④ 模型影响因素。

以葡萄白腐病为例，辽宁省农业科学院植物保护研究所研究沈阳、北镇和熊岳三个不同生态区葡萄白腐病流行动态，建立了葡萄白腐病流行的时间、积温和湿度多因子 Logistic 预测模型，明确了降雨与白腐病发生的关系，为准确预测病害发生和有效防治提供了依据。另外建立了沈阳、北镇地区葡萄褐斑病、霜霉病流行的时间、积温和相对湿度预测模型，实现了对于葡萄病害的准确预测。

随着分子生物学技术的快速发展，基因与植物病害诊断的关系越来越紧密。国外在 20世纪 90 年代初就开始植物病原真菌的分子诊断，目前已经有至少 26 个属真菌的 PCR 诊断或分类报道。RAPD-PCR、rDNA/ITS 是近年来广泛采用的两种方法。基因诊断是随着对核酸组成与结构、测序技术、基因扩增（PCR）技术、生物信息学技术的发展而逐渐发展起来的一种通过对病原物特定基因或寄主基因进行检测和分析的病害诊断方法，即利用分子生物学和分子遗传学的方法，直接检测基因结构及表达水平是否正常，从而对病害做出诊断。

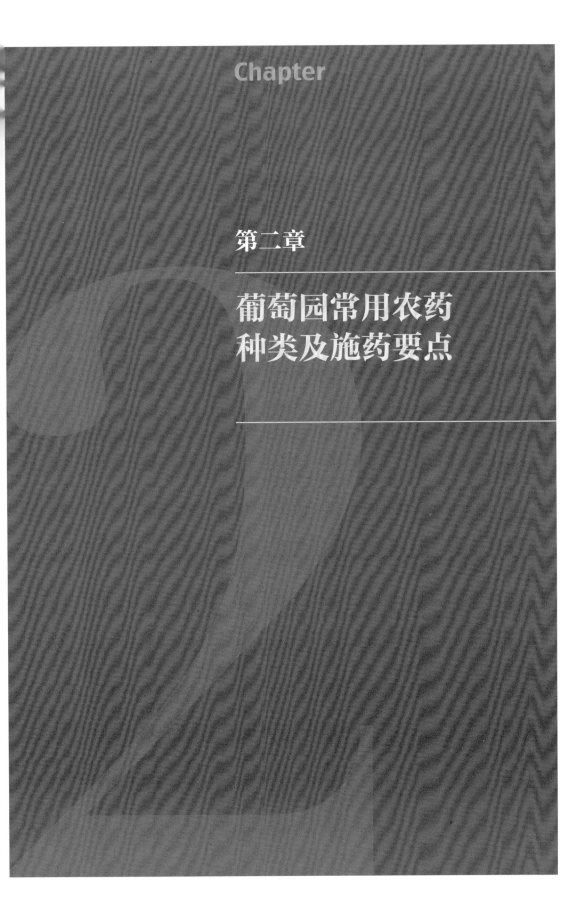

Chapter

第二章

葡萄园常用农药
种类及施药要点

农药的分类

农药，是指用于防治危害农、林、牧、渔业生产的有害生物（虫、螨、线虫、病菌、杂草及鼠害等）和调节植物、昆虫生长的化学药品及生物药品（克里别努尔·马合苏提，2014）。特别是化学农药，其种类繁多，而且随着生产实际的需要，农药工业的迅速发展，新产品每年都在增加。要较为广泛地认识了解农药，以便能科学、正确、合理地使用农药，就必须对种类繁多的农药进行分类。根据人们的目的及农药的各种特性，可从多条途径对农药进行分类。

一、按照原料的成分和来源分类

（一）无机农药

主要由天然矿物质原料加工、配制而成的农药，故又称为矿物性农药。这种农药的有效成分都是无机的化学物质。在葡萄生产栽培管理中常用的无机农药主要有波尔多液、石硫合剂、磷化铝、石灰氮、高锰酸钾等。

（二）有机农药

1. 天然有机农药

指存在于自然界中可以用作农药的有机物质。

（1）植物性农药　如烟草、除虫菊、鱼藤、印楝、川楝及砂地柏等。这类植物中往往含有植物次生代谢产物如生物碱（尼古丁）、糖苷类（巴豆糖苷）、有毒蛋白质、有机酸酯类、酮类、萜类及挥发性植物精油等。

（2）矿物油农药　主要指由矿物油类加入乳化剂或肥皂加热调制而成的杀虫剂。如石油乳剂、柴油乳剂等。其作用主要是物理性阻塞害虫气门，影响呼吸（周蔚，2009）。

2. 微生物农药

主要指用微生物或其代谢产物所制得的农药。如苏云金杆菌、白僵菌、农用抗菌素、阿维菌素等。

3. 人工合成有机农药

即用化学手段工业化合成生产的可作为农药使用的有机化合物。

（1）有机氯类农药　有机氯农药是用于防治植物病、虫害的组成成分中含有有机氯元素的有机化合物。如百菌清等。

（2）有机磷类农药　这是指含磷元素的有机化合物农药。主要用于防治植物病、虫、草害。多为油状液体，有大蒜味，挥发性强，微溶于水，遇碱破坏（吕玉芹，2010）。实际应用中应选择高效低毒及低残留品种，如敌百虫等。其在农业生产中的广泛使用，导致农作物中发生不同程度的残留。

（3）氨基甲酸酯类　氨基甲酸酯类农药是在有机磷酸酯之后发展起来的合成农药，氨基甲酸酯类农药一般无特殊气味，在酸性环境下稳定，遇碱分解（Ronald J Kuhr *et al.*，1985）。大多数品种毒性较有机磷酸酯类低。

（4）拟除虫菊酯类　拟除虫菊酯类农药是模拟天然除虫菊素由人工合成的一类杀虫剂，有效成分是天然菊素。主要用于防治农业害虫。如溴氰菊酯、氯氰菊酯、高效氯氰菊酯等。

（5）有机氯类　有机氮农药是被用作防治植物病、虫、草害的含氮有机化合物。这类农药品种多、范围广，既有杀虫剂，又有杀菌剂、除草剂。多数品种对人、畜的急性毒性都不大，不易发生药害。有机氮农药主要是氨基甲酸酯类化合物，也包括脒类、硫脲类、取代脲类和酰胺类等化合物。

二、按照用途分类

按照农药的主要防治对象分类，是一种最基本的分类方法。

（1）杀虫剂　对有害昆虫机体有毒或通过其他途径可控制其种群形成或减轻、消除危害的药剂。

（2）杀螨剂　可以防除植食性有害螨类的药剂，如哒螨灵、克螨特、螺螨酯等。

（3）杀菌剂　对病原菌能起毒害、杀死、抑制或中和其有毒代谢物，因而可使植物及其产品免受病菌危害或可消除病症、病状的药剂，如粉锈宁（三唑酮）、代森锰锌、井冈霉素等。

（4）杀线虫剂　用于防治农作物线虫病害的药剂，一般用于土壤处理或种子处理，杀线虫剂有挥发性和非挥发性两类，前者起熏蒸作用，后者起触杀作用。一般应具有较好的亲脂性和环境稳定性，能在土壤中以液态或气态扩散，从线虫表皮透入起毒杀作用。如克线丹、克线磷、溴甲烷等。

（5）除草剂　可以用来消灭或者控制杂草生长的农药，主要有草胺磷等。

（6）杀鼠剂　用于杀死果园内有害疫鼠，如磷化锌、灭鼠优等。

（7）植物生长调节剂　主要用来调节葡萄生长发育、控制果实大小、植株高度等，如常用的赤霉素、氯吡脲、噻苯隆、助壮素等。

三、按作用方式分类

这种分类方法常指对防治对象起作用的方式，但有时也和保护对象有关，如内吸剂就是指在植物体内的传导运输方式而言的。常用的分类途径如下：

（一）杀虫剂

（1）胃毒剂　只有被昆虫取食后经肠道吸收到达靶标，才可起到毒杀作用的药剂。如敌百虫、毒死蜱等。胃毒剂适用于防治咀嚼式口器的害虫，如黏虫、蝗虫、蝼蛄等，也适用于防治虹吸式及舐吸式等口器害虫。

（2）触杀剂　药剂通过接触害虫的体壁渗入虫体，使害虫中毒死亡。如辛硫磷等。目前使用的杀虫剂大多数属于此类，对各类口器的害虫都适用，但对体被蜡质等保护物的害虫（如蚧、粉虱等）效果不佳。

（3）熏蒸剂　在常温常压下能气化为毒气或分解生成毒气，并通过害虫的呼吸系统进入虫体，使害虫中毒死亡（杨慧民，2007）。如溴甲烷、敌敌畏、磷化铝、氢氰酸等。使用时应在密闭条件下，如氯化苦（三氯硝基甲烷）防治仓库害虫；磷化铝片剂防治温室害虫和果树蛀干性害虫等。

（4）内吸剂　药剂通过植物的叶、茎、根或种子被吸收进入植物体内或萌发的苗内，并且能在植物体内输导、存留，或经过植物的代谢作用而产生更毒的代谢物，使害虫取食后中毒死亡。实质上是一类特殊的胃毒剂。如吡虫啉、氟虫腈等。

（5）拒食剂　药剂可影响昆虫的味觉器官，使其厌食或宁可饿死而不取食（拒食），最后因饥饿、失水而逐渐死亡，或因摄取不够营养而不能正常发育（方剑锋 等，2006）。如拒食胺、印楝素、川楝素等。印楝素在 $0.02 \sim 0.1\mu g/ml$ 对多种如鳞翅目、直翅目等害虫有效。

（6）驱避剂　施用于保护对象表面后，依靠其物理、化学作用（如颜色、气味等）使害虫不愿接近或发生转移、潜逃等现象，从而达到保护寄主（植物）目的的药剂。如天然香茅油、樟脑、环己胺等。

（7）引诱剂　使用后依靠其物理、化学作用（如光、颜色、气味、微波信号等）可将害虫诱聚而利于歼灭的药剂。如糖醋加敌百虫做成毒饵以诱杀黏虫，性引诱剂等。

（二）杀菌剂

（1）保护性杀菌剂　在病害流行前（即在病菌没有接触到寄主或在病菌侵入寄主前）施用于植物体可能受害的部位，以保护植物不受侵染的药剂。目前所用的杀菌剂大都属于这一类，如波尔多液、代森锌、灭菌丹、百菌清等。

（2）治疗性杀菌剂　在植物已经感病以后（即病菌已经侵入植物体或植物已出现轻度的病症、病状）施药，可渗入到植物组织内部，杀死萌发的病原孢子、病原体或中和病原的有毒代谢物以消除病症与病状的药剂。

对于个别在植物表面生长危害的病菌，如白粉病，不一定要求药剂具有渗透性，只要可以使菌丝萎缩、脱落即可，这种药剂也称治疗剂，有时也称为表面化学治疗有些药剂不但能渗入植物体内，而且能随着植物体液运输传导而起到治疗作用（内部化学治疗）。如多菌灵、粉锈宁、乙膦铝、瑞毒霉等。常见的治疗性杀菌剂有稻瘟净、代森铵等。

（3）铲除性杀菌剂　对病原菌有直接强烈杀伤作用的药剂。可以通过熏蒸、内渗或直接触杀来杀死病原体而消除其危害（朱春雨，2015）。这类药剂常为植物生长期不能忍受，故一般只用于植物休眠期或只用于种苗处理。常见的有高浓度的石硫合剂等。

（4）烟熏剂　指借助某些易燃物质，经燃烧产生的烟雾达到防病的目的。常见的有腐霉利、腐霉·百菌清、霜脲·百菌清等烟熏剂。

（三）除草剂

1. 按作用方式分类

（1）内吸性除草剂　施用后可以被杂草的根、茎、叶或芽鞘等部位吸收，并在植物体内输导运输到全株，破坏杂草的内部结构和生理平衡，从而使之枯死的药剂（何鑫，2016）。如草甘膦等。

（2）触杀性除草剂　药剂喷施后，只能杀死直接接触到药剂的杂草部位。在土壤中可被微生物快速分解的如草铵膦等。

2. 按用途分类

（1）灭生性除草剂　在常用剂量下可以杀死所有接触到药剂的绿色植物体的药剂。如百草枯、敌草隆、草甘磷等。这类除草剂一般用于田边、公路和铁道边、水渠旁、仓库周围、休闲地等非耕地除草，也可用于果园、林下除草。

（2）选择性除草剂　所谓选择性，即在一定剂量或浓度下，除草剂能杀死杂草而不杀伤作物；或是杀死某些杂草而对另一些杂草无效；或是对某些作物安全而对另一些作物有伤害。具有这种特性的除草剂称为选择性除草剂。

除草剂的选择性是相对的，有条件的，而不是绝对的。就是说，选择性除草剂并不是对作物一点也没有影响，就把杂草杀光。其选择性受对象、剂量、时间、方法等条件影响。

选择性除草剂在用量大、施用时间或喷施对象不当时也会产生灭生性后果，杀伤或杀死作物。灭生性除草剂采用合适的施药方法或施药时期，也可使其具有选择性使用的效果，即达到草死苗壮的目的。

第二节
葡萄园施药原则

一、药剂选择

一旦田间发生病害，说明施药方式、间隔期或药剂选择上有一定问题，那么就从这几个方面入手来解决，找到原因就能高效应对。药剂没有最好的，只有最恰当、最合适的。

（1）根据园内实际情况选择合适药剂　关于药剂的选择，预防上要选择保护性的药剂，不同品种的杀菌谱、防治范围、持效期、安全范围不太一样，所以要根据自己园子的情况选择合适的药剂。对一个园子，针对所有的可能要发生病害来选择合适的药剂，不一定越贵越好，关键是看是否需要。

（2）优选药剂使用　优先选用已登记农药，或在葡萄上有农药残留限量标准的农药品种。积极采用通过生产调查、田间试验、残留检测、风险评估等程序，筛选出的高效低残留农药品种。总体上原则，一种药剂能解决不选择两种药剂，尽可能少用药。

（3）选适用剂型用药　农药剂型优先选用水剂、水乳剂、微乳剂和水分散粒剂对葡萄商品性无影响，对环境友好型剂型。幼果期以后不建议用可湿性粉剂和乳油，可湿性粉剂用后药斑明显，乳油剂用后没有果粉，严重影响商品性。

二、适时适量

（1）适时用药　在葡萄病虫害的防治中，药剂的施用时期是关键，在病、虫危害的初期，施用药剂对病虫害的抑制效果较好，每一种病虫害都是由轻到重的发展过程，在病虫害的发生后期，再选择预防、保护性的药剂，连续喷施，效果甚微。防治虫害的基本原则是"治早、治小"，也就是说抓住关键的时期用药，可以达到事半功倍的效果，既可以减少用药量和用药次数，同时也大大减轻病、虫对葡萄产生的危害。

（2）适量用药　不同药剂的有效浓度范围不同，药效持续时间的长短也有差别，一般浓度过低达不到理想的效果，浓度过高容易造成药害，病和虫会对药剂产生抗药性，应该根据病虫害的发生阶段和严重程度确定最适宜的用药量，过多不仅会引起病、虫产生抗性，同时也会对环境造成污染、增加农药残留过高的危险。

三、安全使用

（1）农药最大残留限量标准　随着社会的发展和进步，人们对生活品质的要求越来越高，越来越看重食品健康，所以市场和消费者对农产品提出了更高的要求，农药残留是评价农产品质量的重要指标之一，农药的过量使用不仅会对人类健康产生威胁，而且会对环境和生态环境造成严重的破坏。

（2）科学使用农药　科学的选用农药的种类和剂型；适时用药；适宜的施药方法；合理混用，交替用药；仔细阅读农药的使用说明；同时施药时要做好安全防护工作，保障施药人的安全与健康。

药剂安全性涉及的也很多，药剂选择、配药、喷雾器、配药过程、混配、施药时间。生产上有时实际上是生理性问题，但是和药害症状比较像，很难分清，造成药剂浪费。要提高用药安全性，首先，药剂质量要好，不同厂家的产品差异比较大，质量好的代森锰锌效果很好安全性也很好，整个生育期可以使用。但是质量差的很容易产生药害，尤其是在幼果期。其次、药剂的加工对效果影响也比较大，与原药的质量和生产工艺有关。最后，影响药剂的质量的还有助剂的选择，加工过程。像乳油类的药剂体现的比较多，像嘧菌酯不能和乳油混配，乳油溶剂的选择问题会导致结果的差异。

第三节

葡萄园常用药剂

1 石硫合剂

■ **特点**

药效高、药效持久、低残留、无抗药性。

石硫合剂，是由生石灰、硫黄加水熬制而成的一种用于农业上的杀菌剂。在众多的杀菌剂中，石硫合剂以其取材方便、价格低廉、效果好、对多种病菌具有抑杀作用等优点，被广大果农普遍使用。石硫合剂能通过渗透和侵蚀病菌、害虫体壁来杀死病菌、害虫及虫卵，是一种既能杀菌又能杀虫、杀螨的无机硫制剂（章彦宏，2018），可防治白粉病、锈病、褐烂病、褐斑病、黑星病及红蜘蛛、介壳虫等多种病虫害。

■ **使用方法**

（1）**喷雾法**　苗木和草坪均喷雾。使用可防治树木花卉上的红蜘蛛、介壳虫、锈病、白粉病等。秋冬季节果树落叶后，在清园时一般都要打一次石硫合剂。

（2）**涂干法**　早春晚秋用水稀释180～400倍喷雾或用刷子均匀涂刷在树干上。泰安园林处经验——在休眠期树木修剪后使用石硫合剂涂刷紫薇、石榴树干和主枝，基本上消灭了紫薇绒蚧的危害。

（3）**伤口处理剂**　涂伤口减少有害病菌的侵染，防止腐烂病、溃疡病的发生。

（4）**涂白剂**　石硫合剂0.4kg、生石灰5kg、食盐0.5kg（可不加）、水40kg配制树木涂白剂。一般秋冬季节使用，防治病害虫害效果更佳，保护树木在翌年能继续正常生长。

■ **注意事项**

石硫合剂清园一定要在茸球期之前，展叶以后绝对禁止使用；要随配随用，配置石硫合剂的水温应低于30℃，热水会降低效力。安全使用间隔期为7d。使用前要充分搅匀，长期连续使用易产生药害，应当与其他农药交替使用；忌与波尔多液、铜制剂、机械乳油剂、松脂合剂及在碱性条件下易分解的农药混用。

图2-1　生长季节使用石硫合剂浓度过高，造成叶片灼伤

与波尔多液前后间隔使用时，必须有充足的间隔期。先喷石硫合剂的，间隔 10 ～ 15d 后才能喷波尔多液。先喷波尔多液的，则要间隔 20d 后才可喷用石硫合剂。

2 嘧菌酯

■ **特点**

嘧菌酯（azoxystrobin）是甲氧基丙烯酸酯（strobilurin）类杀菌农药，高效、广谱，对几乎所有的真菌界（子囊菌亚门、担子菌亚门、鞭毛菌亚门和半知菌亚门）病害如白粉病、锈病、颖枯病、网斑病、霜霉病、稻瘟病等均有良好的活性（刘长令 等，2002）。

具有杀菌谱广、增加抗病性、提高抗逆力、延缓衰老、持效期长、高效安全的功能特点。

■ **使用方法**

使用剂量为 800 倍 25 ～ 50ml/ 亩。可用于茎叶喷雾、种子处理，也可进行土壤处理。

■ **注意事项**

嘧菌酯不能与杀虫剂乳油，尤其是有机磷类乳油混用，也不能与有机硅类增效剂混用，会由于渗透性和展着性过强引起药害。

3 王铜

■ **特点**

超细、防治成本低、药斑轻、无抗性。

王铜是含氯的无机铜制剂，含氯活性高，用量少，所以成本低，是目前成本比较低的铜制剂（潘国才 等，2009）。王铜悬浮剂药斑轻微，宜套袋后使用。

■ **使用方法**

一般施用 600 ～ 800 倍液，高温时施用 1000 倍液。用于一般性的防治霜霉病，喷药以叶片为重点，尽可能做到均匀，正面和背面都要喷上。采摘后喷施 600 倍液王铜悬浮剂可预防多种病害。

■ **注意事项**

雨后大雾天气，最好不要施用王铜，易产生药害；不与氨基酸或含氮肥料混用；不能与嘧菌酯、吡唑嘧菌酯等药剂后接连使用。

4 烯酰吗啉·霜脲氰

■ 特点

内吸性好、作用速度快、抗性产生慢。

兼具烯酰吗啉的内吸性好作用速度快和霜脲氰抗性产生慢持效性好的优点，克服了烯酰吗啉弊病和霜脲氰作用速度慢的问题（王强，2016），不易产生抗性，阴天仍有很好效果，是防治霜霉病的特效药剂之一，且性价比高。

■ 使用方法

混配性好，可与甲基硫菌灵、氟硅唑等混合施用，与波尔多液可以混用或先后施用。与保护剂配合使用 1500～2000 倍液，发病较重时施用 800～1500 倍液。田间发生霜霉病没办法用药时，可单用 400 倍液带水喷叶片正面。主要在霜霉病发生初期、发病较重时、花期霜霉病、霜霉病侵染幼果、副梢、久治不愈时均可使用。

5 甲基硫菌灵

■ 特点

安全、广谱、细度悬浮率高。

甲基硫菌灵，商品名甲基托布津，是一种广谱性内吸低毒杀菌剂，具有内吸、预防和治疗作用，其内吸性比多菌灵强。甲基托布津被植物吸收后即转化为多菌灵，它主要干扰病菌菌丝形成，影响病菌细胞分裂，使细胞壁中毒，孢子萌发长出的芽管畸形，从而杀死病菌（李平，2018）。残效期 5～7d。主要用于叶面喷雾，也可用于土壤处理。对大多数子囊菌核半知菌有效，可防治黑痘病、炭疽病、白腐病、白粉病、灰霉病、穗轴褐枯病、褐斑病等病害，但对霜霉病无效。

■ 使用方法

葡萄褐斑病、炭疽病、灰霉病等，可用 50% 可湿性粉剂 600～800 倍液喷雾。

■ 注意事项

不能与含铜制剂混用。

6 啶酰菌胺

■ 特点

啶酰菌胺，可制成超低容量液剂及油悬浮剂等新剂型。

啶酰菌胺属于线粒体呼吸链中琥珀酸辅酶 Q 还原酶抑制剂，对孢子的萌发有很强的抑制能力，且与其他杀菌剂无交互抗性（迟会伟，2008）。啶酰菌胺是新型烟酰胺类杀菌剂，杀菌谱较广，几乎对所有类型的真菌病害都有活性，对防治白粉病、灰霉病、菌核病和各种腐烂病等非常有效，并且对其他药剂的抗性菌亦有效。

■ 使用方法

葡萄灰霉病、白粉病和腐烂病等，50% 水分散粒剂，使用倍数 500 ～ 1500 倍液。

■ 注意事项

原药为固体，保存在 0 ～ 6℃，每季葡萄最多用药 3 次，安全间隔期 7d。药剂应现混现兑，配好的药液要立即使用。与多菌灵、速克灵等无交互抗性，关键防治时间为花前 1 ～ 3d。

---

7 咯菌腈

■ 特点

安全、活性高、灰霉病和溃疡病特效药。

咯菌腈是通过抑制葡萄糖磷酰化有关的转移，从而抑制病原真菌菌丝体的生长，最终致病菌死亡（吴海燕 等，2019），机理独特，与常用药剂无交互 % 抗性，以触杀为主。

■ 使用方法

葡萄灰霉病等真菌性病害，50% 可湿性粉剂，使用倍数 1250 ～ 2500 倍液，关键防治时期为花期。

---

8 异菌脲

■ 特点

是二甲酰亚胺类高效广谱、触杀型杀菌剂，属低毒杀菌剂。

异菌脲是一种广谱触杀型保护性杀菌剂，同时具有一定的治疗作用，也可通过根部吸收起内吸作用。可有效防治对苯并咪唑类内吸杀菌剂有抗性的真菌，异菌脲能抑制蛋白激酶，控制许多细胞功能的细胞内信号，包括碳水化合物结合进入真菌细胞组分的干扰作用。

■ 使用方法

主要用于防治葡萄灰霉病等真菌性病害，500g/L 悬浮剂，制剂的用药量在 750 ～ 1000 倍液，在葡萄中半衰期 9 ～ 11d。在防治葡萄灰霉病上，以 1000 ～ 2000 倍液喷雾 2 ～ 3 次，间隔期为 10d。

■ 注意事项

不能与腐霉利、乙烯菌核利等作用方式相同的杀菌剂混用或轮用。不能与强碱性或强酸性的药剂混用。为预防抗性菌株的产生，作物全生育期异菌脲的施用次数要控制在 3 次以内，在病害发生初期和高峰前使用，可获得最佳效果。

9 嘧菌环胺

■ 特点

内吸杀菌剂，吸收快，药效强。

嘧菌环胺的作用机制是抑制蛋氨酸的生物合成，抑制水解酶的分泌，嘧菌环胺具有保护、治疗、叶片穿透及根部内吸活性（何永梅 等，2011）。

■ 使用方法

主要用于防治葡萄灰霉病等真菌性病害，50% 水分散粒剂，600 ～ 1000 倍液，在花前、花后、幼果期均能防治。

10 吡唑醚菌酯

■ 特点

杀菌谱广，能够刺激生长、增产，与已唑醇已嘧酚黄酸酯、苯醚甲环唑、抑霉唑等混用可以增效。

■ 使用方法

主要用于防治葡萄霜霉病，在霜霉病发生前单用 2000 倍液预防霜霉病；霜霉病已经发生时 2000 倍液＋烯酰吗啉·霜脲氰 1500 倍液应急处理，霜霉病侵染果穗时应该用 2000 倍液＋烯酰吗啉·霜脲氰 800 倍液浸果穗。2000 倍液的吡唑醚菌酯还可以防治炭疽病和白粉病。

■ 注意事项

在'藤稔'葡萄上，遇低温阴雨天不要使用；本品不宜与碱性农药或铜制试剂混用；本品与保倍硼混用时，保倍硼稀释不要低于 1400 倍。

11 双炔酰菌胺

■ 特点

保护剂、杀菌剂，药效强，对萌发阶段的孢子活性高。

双炔酰菌胺为酰胺类杀菌剂。其作用机理为抑制磷脂的生物合成（王迪轩，2016），对绝大多数由卵菌引起的叶部和果实病害均有很好的防效。对处于萌发阶段的孢子具有较高的活性，并可抑制菌丝成长和孢子形成。可以通过叶片被迅速吸收，并停留在叶表蜡质层中，对叶片起保护作用。

■ 使用方法

主要用于葡萄霜霉病的防治，23.4% 悬浮剂，制剂用药量 1500 ～ 2000 倍液，在病害发生的各个时期均可使用，推荐剂量下未发现对葡萄各组织产生药害。

12 哈茨木霉菌

■ 特点

治疗真菌性病害，同时还能够防治细菌性病害；不受天气影响，阴雨天也可以施用，不会产生抗性。

哈茨木霉菌可以代谢产生木聚糖酶，植物在木聚糖酶作用下，具有明显的防御反应，K^+、H^+、Ca^{2+} 离子通道打开，合成乙烯以及积累 PR 蛋白等（牛芳胜 等，2013）。哈茨木霉菌产生几丁质酶和 β-1,3-葡聚糖酶在抗植物病原真菌中发挥重要作用。可以启动植物的防御反应，导致植物产生和积累与抗病性有关的酚类化合物和木质素等。同时哈茨木霉菌产生的蛋白酶能使消解植物细胞壁的病原菌降解，直接抑制病原菌萌发，使病原菌的酶钝化，阻止病原菌侵入植物细胞。

■ 使用方法

主要用于防治葡萄霜霉病，3 亿 CFU/g 可湿性粉剂，喷雾施用 200～250 倍液。

■ 注意事项

本品为接触性杀菌剂，喷雾时要均与周到，保证叶片正反面以及茎秆均能接触到药剂。

13 丁子香酚

■ 特点

速效性强、持效期长，对霜疫霉菌抑制性强。

植物源低毒杀菌剂，本品是从丁香、百部等十多种中草药中提取出杀菌成分，辅以多种助剂研制而成的，广谱、高效，兼具预防和治疗双重作用。丁子香酚为溶菌性化合物，是一种霜霉病、疫病、灰霉病等病菌溶解剂；由植物的叶、茎、根部吸收，并有向上传导功能（吉沐祥 等，2010）。安全、环保物残留；药效治疗迅速，持效期长。已发病的作物喷药后，菌孢子马上变型，被溶解消失。对各种作物的霜霉病、晚疫病具有特效治疗作用。

■ 使用方法

主要用于葡萄霜霉，晚疫病的治疗和预防，0.3% 可溶液剂，500～650 倍液，霜霉病兑水 1500～2000 倍，间隔 20d 用药一次，严重发病区 15d 一次用药，

■ 注意事项

切勿与碱性农药、肥料混用；喷药 6h 内遇雨补喷；水温低于 15℃时，先加少量温水溶化后再兑水喷施。

14 啶氧菌酯

■ 特点

内吸性杀菌剂，广谱性、速效、药效强。

线粒体呼吸抑制剂，即通过在细胞色素 b 和 c1 间电子转移抑制线粒体的呼吸。防治对 14– 脱甲基化酶抑制剂、苯甲酰胺类、三羧酰胺类和苯并咪唑类产生抗性的菌株有效。啶氧菌酯一旦被叶片吸收，就会在木质部中移动，随水流在运输系统中流动；它也在叶片表面的气相中流动并随着从气相中吸收进入叶片后又在木质部中流动（秦恩昊 等，2017）。

■ 使用方法

主要用于防治葡萄白粉病等，葡萄霜霉病、白腐病、褐斑病有很好的兼治效果。22.5% 悬浮剂，制剂用药量 1500 ～ 2000 倍液。

■ 注意事项

在病害发生的各个时期均可使用，每季最多使用 2 次，安全间隔期 14d。

15 霜脲氰

■ 特点

内渗性好、抗性产生慢、水溶性好、无药斑。

霜脲氰是具有内渗性的霜霉病治疗剂，是较常见的霜霉病治疗剂。可以用于霜霉病的一般性预防、救灾后的跟进措施或交替用药时的品种。一般施用 600 倍液。可以与多种保护性杀菌剂 [如保倍、保倍福美双、万保露、葡盾、王铜等] 混用，但要注意配药时要先把霜脲氰稀释成要施用的浓度再配别的药剂。

■ 使用方法

一般性预防措施：20% 霜脲氰 600 倍液 +30% 保倍福美双 800 倍液。霜霉病发生后：先用 40% 金科克悬浮剂 1500 倍液 +30% 保倍福美双 800 倍液（或 +25% 保倍 1500 倍液）细致喷雾，3d 后在用 20% 霜脲氰 600 倍液 +10% 葡盾 1000 倍液跟进。采后防霜霉病：20% 霜脲氰 500 倍液 +30% 王铜 600 倍液。

■ 注意事项

霜脲氰和其他药剂混用时，应先将霜脲氰稀释成要喷施的浓度或 300 倍以上再加其他药剂混匀。混配后出现轻微澄清，是因霜脲氰溶解到水里，属正常现象，混匀后施用，不影响药效。

16　氢氧化铜

■ 特点

药效长，经济实惠，成本低，广谱性。

■ 剂型

77% 可湿性粉剂，37.5% 悬浮剂，53.8% 水分散粒剂，57.6% 水分散粒剂。

■ 使用方法

葡萄套袋后或采收后施用。53.8% 氢氧化铜水分散粒剂 800 ～ 1000 倍液或 77% 氢氧化铜可湿性粉剂 600 倍液。

■ 注意事项

不能和石硫合剂混用，两者的施用最好间隔 15 ～ 20d。阴雨天、雾天或露水未干时喷药，会增加药剂中铜离子的释放及对叶、果部位的渗透容易产生药害；在沿海地区更需要注意；避免在盛夏气温过高时喷药。

17　戊菌唑

■ 特点

戊菌唑是一种兼具保护、治疗和铲除作用的内吸性三唑类杀菌剂。

■ 使用方法

戊菌唑对葡萄白腐病有较好的防治效果，含量：250g/L 水乳剂，生产上常用 2000 ～ 2500 倍液，效果较佳。每个生长期最多使用 2 次，间隔 7d 以上。

■ 注意事项

戊菌唑喷药时间建议在软熟期使用，花期和幼果期不建议使用。

18　戊唑醇

■ 特点

内吸性强，广谱性，药效强。

戊唑醇杀菌性能与三唑酮相可杀灭似，由于内吸性强，用于叶面喷务可以杀灭茎叶表面的病菌，也可在植株体内向上传导，杀灭植株体内的病菌，其杀菌机理主要是抑制病原菌麦角备醇的生物合成（李富根 等，2001），可防治白粉菌属、柄锈菌属、喙孢属、核腔菌属和壳针孢属病菌引起的病害，如白粉病、白腐病、黑痘病、黑腐病、褐斑病等，能兼治炭疽病和灰霉病。其生物活性比三唑酮、三唑醇高，表现为用药量低。

■ 使用方法

430g/L 戊唑醇悬浮剂，用于防治葡萄白粉病、炭疽病、白腐病、褐斑病等病害，前期保护性、预防施用 4000 倍液，发病初期治疗时施用 3000 倍液，转色后防治炭疽病处理果穗时施用 2000 倍液。有轻微抑制生长作用，小幼果期慎用。

■ **注意事项**

应严格按照产品标签或说明书推荐的用药量使用，对水生动物有毒，勿污染水源、临近水源的葡萄园慎用，安全间隔期为 14d。

---

19 己唑醇

■ **特点**

抑菌谱广；防治白粉病特效。

生物活性：己唑醇的生物活性与杀菌机理与三唑酮、三唑醇基本相同，抑菌谱广，对子囊菌、担子菌、半知菌的许多病原菌有强抑制作用，但对卵菌纲真菌和细菌无活性。渗透性和内吸输导能力很强，有很好的保护作用和治疗作用。

■ **使用方法**

防治葡萄白粉病，用 5% 悬浮剂 1500 ～ 2500 倍液喷雾。

■ **注意事项**

本品可与其他常规杀菌剂混用；在稀释或施药时应遵守农药安全使用守则，穿戴必要的防护用具。

---

20 嘧啶核苷类抗菌素

■ **特点**

高效、广谱生物杀菌剂。

具有预防保护和内吸治疗双重功效；本品的保护成分能在植物和果实表面上形成一层致密的高分子保护膜，对多种病原菌有强烈的抑制和阻碍作用；治疗成分能通过枝干传导到达果实内部，直接阻碍病原蛋白质的合成，导致其死亡。本品保护致密，内吸性强，连续使用不易产生抗药性，即使在多雨季节使用，仍可保持较强的内吸药效。

■ **使用方法**

葡萄生产上常用嘧啶核苷类抗菌素来防治白粉病，含量为 4% 水剂，制剂的用药量 400 倍液，防治的关键时期为开花前和幼果期，每个生长季最多喷施 2 次，每次的间隔期应在 7d 以上。

■ **注意事项**

本品不可与碱性农药混用；喷时应避开烈日和阴雨天，傍晚喷施于作物叶片或果实上；本品含量极高，随配随用，请按照使用浓度配制。

21 肟菌酯

■ 特点

高效、广谱、保护与治疗、内吸活性、持效期长等特性。

肟菌酯类广谱杀菌剂是从天然产物含氟杀菌剂。具有高效、广谱、保护、治疗、铲除、渗透、内吸活性、耐雨水冲刷、持效期长等特性。对 1,4- 脱甲基化酶抑制剂，苯甲酰胺类，二羧胺类和苯并咪唑类产生抗性的菌株有效，与目前已有杀菌剂无交互抗性。对几乎所有真菌纲（子囊菌纲、担子菌纲、卵菌纲和半知菌类）病害如白粉病、锈病、颖枯病、网斑病、霜霉病等均有良好的活性（汪汉成 等，2006）。除对白粉病、叶斑病有特效外，对锈病、霜霉病、立枯病、有良好的活性。对作物安全，因其在土壤，水中可快速降解，故对环境安全。

■ 使用方法

在葡萄生产上常用作防治白粉病，含量为 50% 水分散粒剂，防治的关键时期在葡萄果实膨大期，喷施 3000 ~ 4000 倍液，每个生长季节最多喷施 2 次，每次喷施间隔期应在 14d 以上。

22 吡丙醚

■ 特点

广谱性，药效快，兼具杀菌和杀虫。

本品属苯醚类杀虫剂，是种保幼激素类型的几丁质合成抑制剂，具有强烈的杀卵活性。同时具有内吸作用，可以影响隐藏在叶片背面的幼虫。对昆虫的抑制作用表现在抑制幼虫蜕皮和成虫繁殖，抑制胚胎发育及卵的孵化，或生成没有生活力的卵，从而有效地控制并达到害虫防治的目的。

■ 使用方法

对同翅目、缨翅目、双翅目、鳞翅目害虫具有高效、用药量少的特点，持效期长，对作物安全，对鱼类低毒，对生态环境影响小等特点（谭海军 等，2011）。主要用于防治公共卫生害虫。吡丙醚在我国番茄和柑橘树上有登记，防治白粉虱和介壳虫，使用剂量为 10% 乳油 100 倍液。在葡萄上可以用于一些重要害虫的防治，如白粉虱、叶蝉、蓟马、蚧类、醋蝇的蝇蛆等。

■ 注意事项

该药剂在柑橘上的安全间隔期为 30d，每个生长季最多使用 2 次，不能与碱性物质混用以免降低药效，避免在蜜源作物的花期喷药，注意忌在接近水源的地段用药。

23 氟硅唑

■ **特点**

内吸性杀菌剂。

可抑制甾醇脱甲基化。主要可用于防治子囊菌纲、担子菌纲和半知菌类真菌病害，如白粉病菌，氟硅唑属三唑类内吸性杀菌剂，破坏和阻止麦角甾醇的生物合成，导致细胞膜不能形成，使病菌死亡（黄习武，2019）。对子囊菌、担子菌和半知菌所致病害有效，对卵菌无效。

■ **使用方法**

在葡萄上主要用于防治黑痘病，含量：400g/L 乳油，生产上的常用剂量为 8000～10000 倍液。

■ **注意事项**

常在花前喷施，不建议花期和幼果期喷施，每个生长季最多喷施 2 次，2 次间隔期 28d 以上。

24 抑霉唑

■ **特点：**

内吸性杀菌剂，真菌广谱剂。

抑霉唑是内吸治疗性杀菌剂，主要是向上传导，由根系吸收向上传导，或由枝蔓、叶片吸收，向上运输到果穗、新梢；向下运输的抑霉唑量很少，叶片施用抑霉唑也可以到达根部，但量很少。抑霉唑对白粉病、炭疽病特效，对曲霉、青霉、镰刀菌造成的果实、穗轴的腐烂有特效，对白腐病、灰霉病、穗轴褐枯病防效优异。

■ **使用方法**

施用浓度为 20% 抑霉唑水乳剂 800～1200 倍液。套袋前喷果穗或刷果穗；摘袋后采收前刷果穗或喷果穗；采收后 22% 抑霉壁水乳剂 1500 倍液浸泡 3 秒左右，捞出后风干、晾干后储藏。

■ **注意事项**

葡萄炭疽病的防治应抓住关键时期用药，一般在花后，果实套袋之前用药，每个生长季最多用药 2 次，每次用药间隔不低于 7d。

25 噻虫嗪

■ 特点

广谱性杀虫剂；药效快；药效强；预防病毒病。

作用机理主要是干扰昆虫体内神经传导作用，通过与突触后膜上乙酰胆碱受体结合，抑制乙酰胆碱受体的活性，且这种抑制作用是不可逆的（封云涛，2009）。噻虫嗪的杀虫活性优于吡虫啉，其生物活性约为烟碱活性的 100 倍左右，其极高的杀蚜活性可能与其结合在乙酰胆碱受体上的位点与烟碱不同有关。具有广谱的杀虫活性，对害虫具有胃毒和触杀活性，并具有强内吸传导性。可以有效防治鳞翅目、鞘翅目、缨翅目以及同翅目害虫，如蚜虫、叶蝉、粉虱、飞虱、蓟马、粉蚧、金龟子幼虫、跳甲、马铃薯甲虫、地面甲虫、潜叶蛾、线虫、土鳖虫、潜叶蝇、土壤害虫以及一些鳞翅目害虫等，对害虫卵也有一定的杀灭作用。同时，因对蚜虫、蓟马等传毒昆虫的良好控制作用，对植物的病毒病也有非常好的预防作用。由于其具有强内吸传导性特性，除用于喷雾外，还广泛应用于种子处理和土壤处理，在植物生长早期，相同剂量土壤处理效果常常好于喷雾处理。对害虫的高活性、使用方式灵活多样以及较长的残效期和对有益生物安全等特点，使得其特别适宜于害虫的综合防治。

■ 使用方法

25% 水分散颗粒剂 4000 ～ 6000 倍液，防治葡萄介壳虫、葡萄白粉虱、蓟马等害虫，定向全株喷雾，药液覆盖整株。

■ 注意事项

噻虫嗪是新一代杀虫剂，其作用机理与现有杀虫剂不完全相同，不易产生交互抗性；噻虫嗪使用剂量较低，应用过程中不要盲目加大用药量，以免造成不必要的浪费和产品、环境污染；勿使药物入眼或沾染皮肤，用大量清水冲洗即可；无专用解毒剂，需对症治疗；进食、饮水或吸烟前必须先洗手及裸露皮肤；勿将剩余药物倒入池塘、河流；农药泼洒在地，立即用沙、锯末、干土吸附，把吸附物集中深埋，曾经泼洒的地方用大量清水冲洗。噻虫嗪置于阴凉干燥通风的地方，药物必须用原包装储存；回收药物不得再用。

26 苦皮藤素

■ 特点

杀虫的活性成分具有麻醉、拒食、胃毒和触杀作用。

■ 使用方法

在葡萄栽培生产上，苦皮藤素主要是用来防治绿盲椿，含量 1% 水乳剂，制剂的用量为 30 ～ 40ml/ 亩，喷施于受害面。

■ 注意事项

防治的关键时期为展叶期至新梢生长期，每个生长季最多使用 2 次，2 次之间的安全间隔期为 10d。

27 单氰胺

■ 特点

生长调节剂；补充需冷量，打破休眠；提前发芽，促使花芽更加整齐，提高葡萄糖度。

单氰胺是良好的植物生长调节剂，同时兼有杀虫、灭菌、除草、脱叶等功效。

单葡萄冬芽中的水分含量及存在状态、可溶性糖含量和淀粉含量的变化与其休眠进程密切相关；单氰胺处理能够增加冬芽自由水含量，降低其束缚水含量，从而有效打破葡萄休眠。

■ 使用方法

生产上常用 3% Dormex（H_2CN_2 有效含量为 50%）水溶液 +5%Tween80（表面活性剂），用毛笔蘸取当天配置的药剂涂抹葡萄芽，以涂湿不滴药为准（高春英，2009）。

■ 注意事项

注意涂抹浓度的配比，浓度过高容易产生烧芽，仔细阅读使用说明，施药时做好人体防护。

第四节

药害及预防

农药的不合理使用和超量使用不仅增加了葡萄园的管理成本，也容易对葡萄叶片和果实造成烧伤。药害的主要症状表现：在浆果表面呈现或深或浅的疤痕，叶片上药剂接触部位表现为从黄到褐色的斑块，危害症状与葡萄黑痘病、日烧以及臭氧等危害极为相似。不同药剂的危害明显不同，施药前后的天气状况、葡萄的生长阶段、农药混合使用情况、前一次用药情况等都影响药害的发生和严重程度。

一、农药对葡萄伤害的诊断

药害普遍连片发生，在植株分布上往往没有规律性，症状一致，叶片经过发黄、发红、枯萎完整过程，没有发病中心，病情发生过程迟缓，往往植株上先发生药害斑或其他药害症状，引起的植株畸形发生具有普遍性，在植株上表现为局部症状，越是高温药害症状发展越快。而病害和病毒病局部发生，病株与健株混生；病害和缺素症通常是在阴雨天出现，病害发展速度比较慢，通常较少出现枯叶；缺素症通常发生比较普遍，症状出现在植株上的部位比较一致；真菌性病害的病症一般比较一致，具有明显的发病中心；病毒病引起的畸形株多是零星分布，常混有明脉、皱叶等病状（裴刚，2001）。

二、药害的预防措施

农药对农作物产生药害的原因很多，除了某些农药对农作物比较敏感外，或者某些专用农药外（多数是除草剂），主要是在使用农药时，没有严格按规定的使用方法和使用技术用药，或者使用时由于天气条件的影响等，而导致发生了药害。因此，预防药害的产生，关键在于科学、正确掌握农药使用方法。

（一）用药之前仔细阅读使用说明

特别是"注意事项"一栏，搞清其使用对象和防治对象、施用方法、施药量、施药时间、安全间隔期、规定一个生长季的使用次数等，再结合药剂的特性及当地的栽培模式和品种对药的敏感性、使用喷药机械和试验数据，搞清药剂的"安全系数"来决定最大使用剂量。

（二）正确掌握药剂的使用方法和技术

农药剂型和规格不同，有效含量不同，使用时必须根据有效含量，来准确称取药剂，然后再准确计算对水或对土稀释至所需的使用浓度和施药量。有的地方在使用液体农药时，常常用药瓶上的塑料盖头作为量取药液的量器，这样很难做到准确计量，也不安全。特别是溴氰菊酯、助壮素等一些高效农药和植物生长调节剂，亩用量很少，如称量稍不准确，就有可能产生药害。此外，药剂的使用浓度和施用量不能任意增高或降低。对水或对土的倍数要按规定，如使用浓度需要有较大的变更，先要经过慎重试验，再作更动。各种农药的相对密度不尽相同，有的比水重、有的比水轻，稀释时都要精心。可湿性粉剂也要采用二次稀释，先用少量水把药剂调成糊状，然后再加足剩余水稀释，充分搅拌，配好的药液在使用时仍要不停地搅动，以使药液上下浓度均匀一致。配制毒土，药剂拌种或混合使用等，都要搅拌均匀，以免药剂局部浓度过高，药量过大，发生药害。自行配制的波尔多液、石硫合剂等，要准确按图配制方法操作，并对所用的原料质量，也应选好，以确保自制产品质量，避免发生药害。农药混合使用要科学合理，连续使用要注意间隔时间。药剂自行混合，要十分小心，一定要了解各种农药的理化性质和对农作物的生物反应，如：吡唑醚菌酯不宜与碱性农药或铜制试剂混用。因为不是所有农药都能混用，多数农药不能与碱性农药或碱性物质混合。

（三）了解葡萄不同生长部位和不同的生育期对药剂的敏感性

根据药剂的特性，正确掌握施药时间和气温等天气情况，对除草剂尤为重要，这不仅关系到药效，更重要的是避免药害的发生。施药时间一般以在上午 8：00 到 11：00，下午 15：00 到 19：00 为宜。中午因气温过高，阳光强烈，多数作物这时的耐药力减弱，容易产生药害，且防效亦不理想。例如使用拿捕净、扑草净在气温高于 30℃也不能使用，敌安宁施药时要避开高温和强光等。但也有的农药品种要求在较高的气温条件下，既可提高药效又能避免药害产生。如双甲脒在气温低于 25℃时，药效很差；苯丁锡当气温低于 22℃以下活性下降，防效差，不能使用。也有的在雨天和潮湿的天气易产生药害，如溴苯腈。

（四）注意药剂质量和施药质量

药剂质量的优劣、含量的高低，对药害的产生与否，有着直接的关系，例如变质失效，特别是贮藏过久，封口不严，贮藏条件极不规范，乳油山现明显分层，粉剂山现结块等，使用时不能均匀乳化或悬浮率下降出现沉淀等都应停止使用，以免药害产生。喷雾时雾滴不能过粗、过重，要均匀周到，药量不能过大，喷头与葡萄间要有适当的距离，一般应相距 50～70cm，对花、幼果等部位都应尽量避免药量接触过多，这是对防止发生药害最基本的要求。

三、药害的解除方法

及时喷施如碧护、芸薹素、叶面微肥等，以促进植株生长，有效减轻药害；结合加强田间管理，浇足量水，促使根系大量吸收水分，降低植株体内的除草剂浓度，缓解药害；或结合浇水，增施碳酸氢铵、尿素等速效肥，促进根系发育和再生，从而减轻药害。

四、常用药剂危害

（1）波尔多液 波尔多液是最常见的铜制剂，是套袋后、果实采收后的主要药剂，但药效不稳定、混配性差、污染叶片和果面、影响光合作用。使用波尔多液应避开高温、高湿天气，如在炎热的中午或有露水的早晨喷波尔多液，易引起石灰和铜离子迅速骤增，致使叶片、果粒灼伤（孙瑞芹，2009）。

（2）2,4 - D 丁酯 具有生长素作用的除草剂最著名的是 2,4 - D，葡萄对 2,4 - D 极其敏感，易随风漂移，大田应用 2,4 - D 丁酯除草常常对附近葡萄造成危害，无风天气可对 20m 范围内的葡萄造成轻度危害，大风天气可对顺风向 150m 范围内的葡萄造成危害。葡萄受害后，叶片叶脉变得平行，成为扇形，叶缘锯齿急尖，向下弯曲成鸡爪状，叶脉褪绿，叶片折叠，叶肉变厚，枝条弯曲生长（黄永伟，2010）。幼嫩叶片对漂移来的 2,4 - D 为敏感，在成龄叶片上的危害轻微。危害严重时到翌年仍有症状表现。

（3）草甘膦 草甘膦为内吸传导型慢性广谱灭生性除草剂，是葡萄园经常使用的除草剂，对于葡萄叶片的症状表现为叶片变窄，皱折不平，向上翻卷，叶脉间退绿。从除草剂接触叶片到枝条末端叶片都会表现症状（郑普兵 等，2016）。危害还使枝条节间变短，副梢丛生，翌年早期生长缓慢。

图 2-2　草甘膦气害

（4）异丙甲草胺　为酰胺类除草剂，异丙甲草胺可以从 200m 以外漂移到葡萄园造成伤害，使葡萄叶片卷曲，生长缓慢。封闭除草剂大面积的集中使用，致使除草剂在空气中到处弥漫，危害葡萄新梢生长点和幼叶，症状较轻时新梢生长变缓，生长点附近的幼叶变黄畸形，未成龄叶上出现黄色斑点；危害严重时生长点和其附近的幼叶变褐枯死，未成龄叶黄化畸形，新梢生长暂时停止。

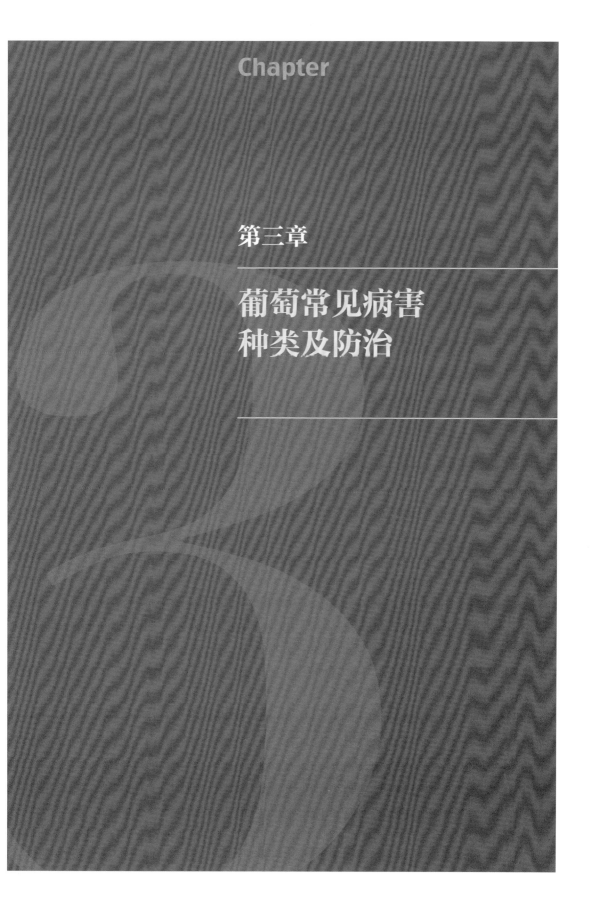

Chapter

第三章

葡萄常见病害
种类及防治

　　植物在生长发育过程中受到生物因子或非生物因子的持续刺激，其正常的新陈代谢过程受到干扰或破坏，导致植株生长发育异常，最终在外部形态上表现为各种不正常的状态和结构，这一过程称为病害（许志刚，2009）。葡萄病害因为病原的不同，可以划分为五大类，即真菌病害、细菌病害、病毒病害、生理性病害和缺素性病害，其中真菌病害、细菌病害、病毒病害属于侵染性病害（刘裕岭，2007）。

图 3-1　葡萄常见病虫害

第一节

葡萄侵染性病害

一、真菌病害

由植物病原真菌引起的病害。占植物病害的 70% ～ 80%。一种作物上可发现几种甚至几十种真菌病害（阙友雄 等，2009）。许多真菌病害由于病菌及寄主的不同而有明显的地理分布。我国大部分葡萄产区都处在东亚季风区，夏季炎热多雨，葡萄病害较多，危害严重（李婷，2013）。据资料记载，我国危害葡萄的病害已知的有近 40 种，其中危害严重或局部地区较严重的有 10 种左右（赵俊侠 等，2014）。葡萄灰霉病、霜霉病、白粉病、白腐病、炭疽病和黑痘病为葡萄六大病害（王雅丽 等，2007）。

（一）侵染与传播

真菌病害的侵染循环类型最多，许多病菌可形成特殊的组织或孢子越冬。在温带，土壤、病残组织和病枝常是越冬场所；大多数病菌的有性孢子在侵染循环中起初侵染作用，其无性孢子起不断再侵染的作用。田间主要通过气流、水流传播；此外，风、雨、昆虫也可传播真菌病害。但传播真菌病害的昆虫属种与病原真菌属种间绝大多数没有特定关系。真菌的菌丝片段可发育成菌株。真菌可直接侵入寄主表皮，有时导致某些寄生性弱的细菌再侵入，或与其他病原物进行复合侵染，使病症加重（王晓锦，2013）。

（二）症状特点

常见有霜霉、白粉、白霜、黑粉、锈粉、烟霉、黑痣、霉状物、蘑菇状物、棉絮状物、颗粒状物、绳索状物、黏质粒和小黑点等。大的病征可用肉眼直接观察到。病征的出现与品种、器官、部位、生育时期、外界环境有密切关系。许多真菌病害在环境条件不适宜时完全不表现病征。真菌病害的症状与病原真菌的分类有密切关系，如霜霉菌产生霜霉状物，黑粉菌产生黑粉状物等（沈瑞清，2007）。

（三）发生与防治

由于真菌性病害的气流和水流传播较突出，一般多采用化学药剂进行保护性防治，或通过改进栽培管理措施加以防治。

1. 农业防治

为防治葡萄病害所采取的农业技术综合措施：选用抗病种类（表1）；科学施肥及灌溉排水、合理整枝修剪，调整和改善葡萄的生长环境，以增强葡萄对病害抵抗力，创造不利于

表 3-1   葡萄主要种类与抗性

种类	主要特点与抗性
欧亚种	品质好，风味纯正，抗寒性较差。根系能耐－5～－3℃的低温；真菌性病害抵抗能力弱，不抗黑痘病、白腐病等，不抗根瘤蚜。喜石灰质土壤。适于气候温暖、阳光充足和较干燥的地区栽培。其中的东方品种群抗真菌病害能力最差
美洲种	又称美洲葡萄，原产于北美洲东部。该种果实具有浓厚的麝香味，叶背密生灰白或褐色毡状茸毛，卷须为连续性着生。抗病性强，耐潮湿。抗寒性较强，成熟的枝条和芽眼能耐－22～－20℃低温，根系能耐－8～－7℃的低温。该种对石灰质土壤敏感，易患失绿病
河岸葡萄	原产北美东部。抗旱、耐湿热，抗病性强，对扇叶病毒有较强的抗性，高抗根瘤蚜。抗寒性较强，成熟的枝条和芽眼能耐－30℃以下的低温，根系耐－13～－11℃的低温。喜土层深厚肥沃的冲积土，不耐石灰质土壤。主要用于抗寒、抗旱及抗根瘤蚜砧木
沙地葡萄	原产美国中部和南部。叶片光滑无毛，全缘。抗寒性较强，根系可耐－10～－8℃的低温，枝、芽可耐－30℃的低温。抗旱性强，抗根瘤蚜、白粉病和霜霉病。该种及其杂种主要作抗旱、抗根瘤蚜砧木
山葡萄	分布在我国的东北、华北及韩国、朝鲜、俄罗斯的远东地区。是葡萄属中抗寒性最强的一个种，成熟的枝条和芽眼能耐－50～－40℃的低温，根系可耐－16～－14℃低温。对白粉病和霜霉病的抗性较差。扦插发根能力较弱，多采用实生播种繁殖，但种内也发现一些扦插发根能力较强、成活率较高的株系和类型
欧美杂种	欧洲种和美洲种的杂交后代，欧美杂种在葡萄品种中占有相当的数量，这些品种显著的特点是浆果具有美洲种的草莓香味，具有良好的抗病性、抗寒性、耐湿性和丰产性。欧美杂种能在我国较大的地区种植。目前，在我国、日本和东南亚地区，欧美杂种已成为当地的主栽品种

病原物生长发育或传播的条件，以控制、避免或减轻病的危害。

2. 物理防治

是利用简单工具和各种物理因素，如光、热、电、温度、湿度和放射能、声波等防治病虫害的措施。包括最原始、最简单的徒手捕杀或清除，以及近代物理最新成就的运用，可算作古老而又年轻的一类防治手段。人工捕杀和清除病株、病部，虽有费劳力、效率低、不易彻底等缺点（原必荣 等，2013）。

3. 化学防治

使用化学药剂防治病害的方法称为"化学防治法"，其作用迅速、效果显著，方法比较简便，是人类与病害做斗争的重要手段和武器。化学防治中使用的化学药剂一般统称"杀菌剂"。从药剂的作用方式来分，主要有"保护剂"和"内吸剂"两大类。其中，施用在植物表面、保护植物不受病原物侵染的药剂称为"保护剂"。其特点是不能进入植物体内，对已经侵入的病原物无效，必须在病原物侵入以前使用，而且必须周到均匀地喷布在植物表面。能够进入植物体内，杀死或抑制病原物，使植物保持和恢复健康的杀菌剂称为"内吸剂"。其主要特点是对已经侵入植物体内的病原物有效，能够治疗已经感病甚至已经发病的植物。葡萄上经常使用的保护性剂主要有波尔多液、硫悬浮剂、代森铵、腐必清、百菌清、克菌丹、石硫合剂、代森锰锌等；内吸剂主要有甲基托布津、多菌灵、多抗霉素、宝丽安、速克灵、乙膦铝、瑞毒霉、速保利、福星、扑海因、三唑酮、四环素、链霉素、乙霉威等。为了延缓抗药性的产生，并提高其杀菌作用，生产上还常使用杀菌剂的混合制剂，如锰锌克菌多、甲霜灵锰锌、福美双、多硫多菌灵、甲霉灵、轮纹病铲除剂、乙锰等。为了使用和加工方便，杀菌剂可做成不同的剂型或含量。最常见的剂型有可湿性粉剂、胶悬剂、乳剂、水剂等这些制剂都可直接加水稀释后使用（郑冬梅，2006；董瑞萍，2011；李鸿杰，2005）。

在用化学方法防治葡萄病害时，必须要合理使用杀菌剂，否则不能充分发挥化学防治的效果。所以在使用时要注意以下几点：第一，因为杀菌剂不但对病原物有毒，而且对葡萄也有毒，如果使用不当，就会造成药害。所以，应当根据药剂种类、品种敏感程度、用药时期及条件等选用最适宜的用药浓度，不能随意提高用药浓度，因易造成严重的药害，影响果面商品性。第二，因为任何杀菌剂具有一定的杀菌范围，并不是能杀害所有的病菌。所以，应当了解杀菌剂的性质和作用范围，根据防治对象的不同，选用合适的杀菌剂。并将药剂均匀细致地喷洒在需保护的叶片、果实、枝干的各个部位。第三，因为病害不同，侵染和发病的时期也不同；药剂不同、用药后环境条件不同，药剂的残效期也不同。所以应该根据药剂的性能和病害发生规律，掌握适宜的用药时间和次数，注意安全间隔期。第四，葡萄园因有时会同时发生多种病虫害，需同时使用杀菌剂、杀虫剂、杀螨剂、叶面肥等。所以，要根据施药目的、药剂性能等，考虑药剂的混用与连用问题。第五：防病药剂与植物生长调节剂混用问题。所以在谢花末期，注意防病施药与膨大剂使用注意间隔时间 3d 以上。

（四）葡萄主要真菌病害

1 葡萄灰霉病

葡萄灰霉病在世界上的任何葡萄园都可以发现（张艳杰，2017）。在葡萄根瘤蚜传入欧洲之前的很长一段时间，葡萄灰霉病被当做二次侵染性病害，但之后随着嫁接栽培的流行，葡萄灰霉病害危害加重，才引起大家的关注并重新考虑和研究它。葡萄灰霉病侵染葡萄，在产量和品质上都会造成影响，包括由于穗轴的干枯造成没有成熟的果穗或部分果穗的脱落或干枯、缩水。但是造成的危害因葡萄的用处不同而有差别。对于鲜食葡萄，不但造成产量降低，而且在葡萄的贮藏、运输过程中继续腐烂，成为贮藏和运输过程中葡萄腐烂的罪魁祸首；对于酿酒葡萄主要是影响质量，因为灰霉病的感染造成葡萄中营养成分的生理生化变化：病菌把葡萄糖和果糖转化成丙三醇和葡萄糖酸，病菌还产生一些酶，这些酶促使酚类物质（产生果香和酒的香气）氧化，破坏香气。病菌还分泌多聚糖，比如 β-葡聚糖，造成酒体混浊，澄清度下降。混杂或含有灰霉病病果的葡萄酿造的葡萄酒，有怪味或味道欠佳，并且容易被氧化和被细菌感染，也不容易存放，影响葡萄的陈酿和年份。

但是，对于一些品种，比如'赛美容'，在一些特殊地区的特殊气候条件下，灰霉病的侵染可以产生例外，生产世界闻名的"贵腐酒"。世界上非常有名的"贵腐酒"有匈牙利的Tokay，法国的Sauternes，德国的Auslese、Beereauslese和Trockenbeerenauslese。在嫁接育苗中，在30℃的发育箱（或培养箱）内，因为湿度比较大，接穗和砧木的接口容易被感染，导致嫁接失败。接穗和砧木的接口覆盖于石蜡形成的膜下面，所以，被灰霉病感染的嫁接苗木，会抑制嫁接口的愈合，导致嫁接失败。

葡萄灰霉病属真菌病害，也是危害葡萄的重要重病害之一，在生长期及贮藏期均有危害，但凡遇到适宜条件就会发病，且危害时间长、扑灭难度大，因气候条件不同，各个年份间发病程度不一，对南方地区以及北方的保护地葡萄影响尤为严重。

■ 病原

灰霉病病菌无性世代为灰葡萄孢 *Botrytis cinerea* Pers.，属于半知菌亚门丝孢目淡色孢科葡萄孢属。灰葡萄孢是葡萄园最常见的形式，产生分生孢子。有性世代为富氏菌核菌 *Botryotinia fuckeliana*（de Bary）Whetzel（李文静 等，2015）。

灰葡萄孢菌丝是带褐色的橄榄色，有隔膜，菌丝直径因形成过程的环境条件有变化，一般在 11 ～ 23μm。分生孢子梗数根丛生，1 ～ 3μm×11 ～ 14μm，直立或稍弯曲，黑褐色或淡褐色、细长，健壮，顶端 1 ～ 2 次分枝，分枝后顶端细胞膨大，呈棒头状，上密生小梗，着生许多分生孢子。分生孢子卵圆形或亚球形，表面光滑，单胞，略带灰色，整体（很多分生孢子）为灰色，大小 9 ～ 16μm×6 ～ 10μm（许俊杰，2006）。

在不利的环境条件下，菌丝可以形成黑色、坚硬的菌核 2 ～ 4mm×1 ～ 3mm，牢固着生于基质上。菌核在 3 ～ 27℃萌发，产生分生孢子梗和分生孢子。菌核可以萌发形成富氏菌核菌的子囊盘，但在葡萄园中非常少见。灰葡萄孢并不是葡萄上的专性寄生（或特有）病菌，它的寄主范围非常广，包括番茄、黄瓜、辣椒、茄子、白菜、多种豆类植物、苹果和梨等多种栽培作物和野生植物，侵染叶片、果实、果柄等部位，引起灰霉病。灰葡萄孢还可以在溃疡斑、衰老组织、死亡组织上腐生。

■ 发生规律

据资料记载，有些地区以秋季在枝条上形成的菌核越冬，有些地区以菌丝在树皮和休眠芽上越冬（沈昶伟，2013）。一般两种形式都存在，只不过哪个为主的问题。越冬后的菌核和菌丝，在春天产生分生孢子，作为春季的侵染源。据监测，成熟期葡萄园中的灰葡萄孢分

图 3-2 **葡萄灰霉病症状**
a. '夏黑'花序灰霉病；b. '巨峰'新梢灰霉病；c. '爱神玫瑰'果穗灰霉病；d. '夏黑'叶灰霉

生孢子的数量最大。翌年春天，当气温在 15 ～ 20℃时形成分生孢子随风飞散传播，从幼嫩组织或伤口处侵入，发病后再形成孢子进行再侵染。露地葡萄初侵染期在 5 月中旬，大棚葡萄发病早。一般的发病时间平均在葡萄开花前 7 ～ 10d，因此有果农把灰霉病的发生当做计算花期的标准。灰霉病在花前发生较轻，有时会一晃而过。末花期到落果期发病重。此期若大棚湿度高、外界气温低（特别是阴雨天），灰霉病是侵染高峰，但不会表现，等到天气晴好、温度升高以后，病状迅速出现，难以防治。欧美杂种抗性较强，欧亚种较敏感，东方品种群最敏感。

分生孢子在 1 ～ 28℃都可以萌发（萌发的最适合温度是 18℃），但要求有 90% 以上的湿度或有水分存在。如果有水分存在，叶片、枝条、果实上的花粉或分泌物会刺激和促进分生孢子的萌发。在适宜温度（15 ～ 20℃）和满足水分要求（有水或 90% 以上湿度）条件下，侵入需要 15h；如果温度比较低，会需要更多的时间完成侵入。

分生孢子萌发后，可以通过部分感病葡萄品种的表皮直接侵入。电镜观测，在果实上，没有功能的气孔周围形成很多小的沟壑或裂缝，分生孢子萌发后的芽管，就是通过这些沟壑或裂缝进入葡萄，使葡萄得病。如果有伤口存在，比如虫害、白粉病、冰雹、鸟害等造成的伤口，会加速和促进葡萄灰霉病的侵染和发病。

花期的后期，气象条件合适时，病菌还可以通过柱头或花柱侵入子房。当然，这种侵入在当时不会造成任何症状，但果实成熟期会导致发病。

果实受侵染后，在天气干燥的情况下，菌丝潜伏在体内不发展，亦不产生灰色霉层，它不但对果实无害，反而能降低果实酸度，增加糖分，用这种葡萄酿酒时，由于病菌的作用，有一种特殊的香味，可提高葡萄酒的质量。

不同品种对灰霉病的抗性有一定差异。'巨峰''新玫瑰''白玫瑰香'等为高感品种；'玫瑰香''葡萄园皇后''白香蕉'等中度抗病；'红加利亚''奈加拉''黑罕''黑大粒'等高度抗病。易病条件：① 多雨、潮湿和较凉的天气条件；② 开花前后遇低温潮湿或开花期温差大；③ 夏秋季节湿度变化大；④ 地势低洼，枝梢徒长郁闭，杂草丛生，通风透光不良的果园；⑤ 管理粗放、磷钾肥不足、机械上、虫害多的果园；⑥ 排水不良及易患病的温室大棚。

■ 危害症状

在我国，灰霉病的危害主要在花期、成熟期和贮藏期。但冬季雨水多和春季多雨的地区，早春也侵染葡萄的幼芽、新梢和幼叶。在受害部位表面产生一层鼠灰色霉层，霉粉受震易飞散，呈灰色烟雾状，俗称"冒灰烟"。

（1）花序及果穗　花序和刚落花后的小果穗易受侵染，发病初期被害部位呈淡褐色水渍状，很快变暗褐色，整个果穗软腐，超时时病穗上长出一层鼠灰色的霉层，细看时还可见到极细微的水珠，此为病原菌分生孢子，晴天时腐烂的病穗逐渐失水萎缩、干枯脱落。在花帽脱落前（开花前至开花），病菌可以侵染花序，造成腐烂或干枯，而后脱落。开花后期，病菌会频繁侵染逐渐萎蔫的花帽、雌蕊和败育（或发育不完全）的幼果，这些花帽、雌蕊和败育的幼果如果遇到特殊气候，会粘贴在果穗或果粒上。

（2）新梢及叶片　产生淡褐色、不规则形的病斑。叶片上多从叶缘开始发病，病斑有时出现不太明显轮纹，如果有雨水则形成鼠灰色霉层，后期病斑部破裂。幼叶和新梢受害，形成褐色病斑，导致干枯。在晚春和花期，叶片上被侵染后会形成大的病斑，一般在叶片的边沿、比较薄的地方，病斑为不规则形状、红褐色。新梢病斑一般发生在基部。

（3）果实及果梗　在成熟果实上，由于生理的或机械的原因造成伤口，病菌由此侵入形成凹陷的病斑，很快整个果实软腐，1～2d 则褐变、腐烂长出灰霉状物，物伤口果粒被感染后形成 1～2mm 的紫褐色斑点 1～10 个，斑点中央呈水渍状软腐，裂皮时则产生灰霉层。这些受感染的果梗和穗轴开始形成小型的褐色病斑，之后病斑颜色逐渐加重变为黑色。在夏末，这些病斑发展成围绕果梗或穗轴一圈的病斑，导致果穗萎蔫（有时脱落）（在气候干燥时），或产生霉层导致整个果穗的腐烂（气候湿润时）。

对于鲜食葡萄，被侵染的果穗在低温贮藏期间，穗轴可以发展成湿腐，并逐渐被褐色霉层覆盖，这些霉层有时可以产生分生孢子；侵染的果粒，会形成褐色圆形病斑，并逐渐发展到整个果粒，病斑的表皮易被擦掉。湿度大时，成熟不好的枝蔓在晚秋和初冬可以被侵染，表现为皮层被"漂白"，并在表面形成黑色菌核和灰色霉层（产生了分生孢子）。进入成熟期，灰霉病病菌可以通过表皮和伤口直接侵入果实。比较紧实的果穗，果实互相挤压，先通过相邻的果粒传染，然后霉层会逐渐侵染整个果穗。白色品种被感染，果粒变成褐色；有色葡萄品种被侵染，果粒变成红色。如果气候干燥，被侵染的果粒干枯；如果气候湿润，果粒会破裂，并且在果实表面形成鼠灰色的霉层。

■ 防治方法

（1）加强葡萄植株管理　及时疏除病花序及果粒等。按需修剪，防止枝蔓徒长、果实裂果。幼果期及时套袋。合理选择葡萄架形，保证合理的通风透光面积。加强病虫害防治，提高葡萄抗病性避免疯长、避免郁闭和减少枝蔓上的枝条数量（增加通透性）、摘除果穗周围的叶片（增加通透性）、减少液态肥料喷淋，对防治灰霉病效果显著。

（2）搞好果园卫生　发病时的花序、幼果、病穗等要及时清埋，落叶后清除树上、树下的病僵果，集中园外销毁，减少越冬菌量，细致清园。选用透光性强、抗老化、弹性好的优质无滴膜，齐芽后全园地面及沟铺地膜降湿防病。棚内在花前实行清耕法或地膜覆盖，降低空气湿度和土壤湿度，发芽前用好5波美度石硫合剂喷施。

（3）水肥管理　合理灌水，加强通风透光，降低园内湿度，也可使用药液浸果粒或者用速克灵烟剂250g/亩大棚熏蒸，控制病害发生。切忌偏施氮肥，适当施腐熟有机肥、磷钾肥。控制氮肥控制徒长、防止架面与棚内郁闭，是预防此病发生的根本方法。

（4）化学防治　花序分离期至落花落果期是用药的最佳时间。50%水分散粒剂啶酰菌胺500～1500倍液，500g/L悬浮剂异菌脲750～1000倍液或50%水分散粒剂嘧菌环胺600～1000倍液，50%可湿性粉剂咯菌腈1250～2500倍液等杀菌剂防治。棚内湿度控制不下来，也可用药液浸果穗。还可进行大棚熏蒸，每亩用速克灵烟剂250g。傍晚闭棚熏蒸，不仅可防治灰霉病，还可显著降低棚内湿度。转色期不推荐使用腐霉利。贮藏期间防治葡萄灰霉病主要是低温（接近 $-1 \sim 0\,^{\circ}\mathrm{C}$）和二氧化硫气体熏蒸相结合。

（5）使用抗性品种　不同品种对灰葡萄孢抗性不同，一般来看，欧美种较欧亚种易感染灰霉病。果穗的紧密度、果皮的厚度和解剖学特性、果皮上化学物质（花青素和酚类物）的多少，决定了不同葡萄品种抗灰葡萄孢的敏感程度。且研究表明，葡萄还产生植物毒素类物质（Resveratrol 和 Viniferins），这些物质的存在和浓度大小，与葡萄品种对灰葡萄孢抗性程度有直接关系。据国家葡萄产业技术体系杭州综合试验站区试调查：鲜食葡萄果实抗灰霉病能力较强的品种有'天工墨玉''寒香蜜''天工玉柱''玉手指''阳光玫瑰''新雅''金田皇家无核'等，较弱的有'早夏无核''爱神玫瑰''巨峰'等。

（6）综合防治　对于抗性比较高的品种，一般通过栽培预防为主；但对于灰霉病抗性比较差的品种，必须是栽培预防和化学防治相结合（或配合），还要配合其他措施的使用。设施栽培选用透光性强、抗老化、弹性好的优质无滴膜；生长期内，棚中发现病花穗、病果等应及时摘除并带出大棚深埋。秋后清除病果穗，集中起来烧毁。避免间作灰霉菌会传染给葡萄的番茄、茄子、黄瓜等其他作物。增施腐熟有机肥，减少氮肥。

根据国内外的研究和实践经验，防治灰霉病有以下几个关键时期：一是萌芽率达 80%
左右时（全园地面及沟铺地膜降湿防病）。二是花序分离期（全园喷药预防）；三是谢花后
期至坐果期（重点喷花序，花期忌温度忽高忽低，中午注意通风降温。）；四是套袋前（重点
喷或浸果穗）。未套袋的：酌情施 1 ～ 2 次，即封穗前至转色期，果实采收前的 20d 左右。
具体到葡萄园，如何使用药剂，要根据葡萄园的具体情况（品种、气候、上年病害情况、用
药历史等）而定。在国外，已经研究出一个防治葡萄灰霉病的数据模型。根据灰霉病的田间
动态（随气象条件、品种、栽培措施而变化，测定田间菌势和孢子数量），计算出任何时期
的风险，给出使用化学药剂的最合适时期。

---

2 葡萄霜霉病

葡萄霜霉病是一种世界性的葡萄病害，在葡萄生长
季节多雨潮湿、暖和的地区发生危害较重，常造成葡萄
早期落叶，损失危害大。

葡萄霜霉病是世界和我国的第一大葡萄病害。
1878年之前，对霜霉病知之甚少。由于根瘤蚜的传播和
危害，欧洲人从美洲引进抗根瘤蚜苗木，导致霜霉病传
播到欧洲。1878年在法国的西南部发现霜霉病，1882
年传遍法国，1885年传播到整个欧洲大陆。1885年法
国人米亚尔代在波尔多地区发明波尔多液，不但成为控
制霜霉病的有效药剂，而且成为农药发展历史上的重
要事件，具有划时代的意义（史娟，2004；王圣森，
2008）。我国葡萄霜霉病没有传入记录。从文献上看，
我国葡萄在20世纪80年代才开始严重危害（刘永清，
2002）。霜霉病在春夏季多雨潮湿的地区发生严重，比
如欧洲、日本、新西兰、南非、阿根廷、澳大利亚东部
以及我国的大部分地区。冬季和春季寒冷（没有雪）的
地区，会抑制霜霉病的发生。

■ **病原**

葡萄霜霉病是由鞭毛菌亚门卵菌纲霜霉目单轴霉属侵染所致，该菌为专性寄生菌，只危
害葡萄（黄文萍，2011）。*Plasmopara viticola* 称葡萄生轴霜霉，属假菌界卵菌门（李雯，
2014）。孢囊梗 1 ～ 4 枝从气孔伸出，基部有时略膨大，上部单轴分枝 4 ～ 6 次，末枝直，
圆锥形，常 2 ～ 3 枝，有时 4 枝簇生并呈直角分枝，末枝的基部有时稍膨大，顶端平截。孢

子囊椭圆形，卵形，有时近圆形，具乳突，基部偶有短柄。

有性阶段产生卵孢子。病菌的卵孢子在初夏就可以形成，卵孢子的直径一般 20 ～ 120μm，有皱折的细胞壁（比较厚）和双层膜包被，褐色。卵孢子一般在病叶上（在老病叶上）形成，偶尔在其他病组织中也可以形成。翌年春天，在自由水中卵孢子萌发，产生 1 个（偶尔 2 个）细长的芽管，芽管直径 2 ～ 3μm，但长度比较大，在芽管的顶端形成一个梨形的孢子囊，这个孢子囊大小为 28μm×36μm，能产生 30 ～ 56 个游动孢子。

无性阶段的孢子囊为其繁殖体。孢囊梗 1 ～ 20 枝成簇，从气孔伸出。孢囊梗无色、透明，呈单轴分枝，分枝处呈直角，末端的小梗上着生孢子囊。孢子囊无色、单胞、倒卵形或椭圆形，大小为 12 ～ 30μm×8 ～ 18μm，顶部有乳头状突起。孢子囊在自由水（水滴、水膜）中产生 1 ～ 10 个具有双鞭毛的游动孢子，游动孢子大小为 6 ～ 8μm×4 ～ 5μm。游动孢子从孢子囊顶头（与着生处相对）或从乳头状突起的孔或直接穿孔，释放出来。游动孢子一般单核。游动孢子有两根鞭毛，在水中游动后会失去鞭毛（30min 左右），变为静止孢子，产生芽管，由气孔侵入寄主。

■ 发生规律

欧美杂种抗性较强，欧亚种抗性较差，欧亚种种东方品种群最敏感。病菌以卵孢子在病组织中或随病残体在土壤中越冬，可存活 1 ～ 2 年。翌年春季萌发产生芽孢囊，芽孢囊产生游动孢子，借风雨传播到寄主叶片上，通过气孔侵入，菌丝在细胞间隙蔓延，并长出圆锥形吸器伸入寄主细胞内吸取养料，然后从气孔伸出孢囊梗，产生孢子囊，借风雨进行再侵染。在 5 ～ 6 月、8 ～ 9 月发生最盛。病害的潜育期在感病品种上只有 4 ～ 13d，抗病品种则需 20d。

气候条件对发病和流行影响很大。该病多在秋季发生，是葡萄生长后期病害，冷凉潮湿的气候有利发病菌卵孢子萌发温度范围 13 ～ 33℃，适宜温度 25℃，同时要有充足的水分或雨露。孢子囊萌发温度范围 5 ～ 27℃，适宜温度 10 ～ 15℃，并要有游离水存在。孢子囊形成温度 13 ～ 28℃，15℃左右形成孢子囊最多，要求相对湿度 95% ～ 100%。游动孢子产出温度 12 ～ 30℃，适宜温度 18 ～ 24℃，须有水滴存在。试验表明：孢子囊有雨露存在时，21℃萌发 40% ～ 50%，10℃时萌发 95%；孢子囊在高温干燥条件能存活 4 ～ 6d，在低温下可存活 14 ～ 16d；游动孢子在相对湿对 70% ～ 80% 时能侵入幼叶，相对湿度在 80% ～ 100% 时老叶才能受害。因此秋季低温、多雨易引致该病的流行。

地理条件也是霜霉病病发的主要影响因素。果园地势低洼、通风不良、密度大、修剪差有利于发病；南北架比东西架发病重，对立架比单立架发病重，棚加架比立架发病重，棚架低比高的发病重。迟施、偏施氮肥刺激秋季枝叶过分茂密而果实延迟成熟发病重。含钙量多的葡萄抗病力强。

葡萄霜霉病预测预报根据多年试验和积累经验主要根据以下几项指标：其一是病菌卵孢子在土壤湿度大的条件下，当日平均温度达到 13℃时即可萌发。二是日均温在 13℃以上，同时有孢子囊形成；寄主表面有 2 ～ 2.5h 以上水滴存在，病菌即能完成侵染。三是病菌潜育期长短因温度而异，与品种抗病性也有一定关系，抗病品种潜育期长。在适宜条件（23 ～ 24℃，感病品种）潜育期短时仅有 4d，而在 12℃时则延长至 13d。四是病害潜育期终结时，还须有高湿条件（有雨或重雾）才可长出孢子囊进行再侵染。五是降雨多少、持续时间长短是霜霉病发生流行的主要因素。每年6月中旬至9月中旬，连续两旬降水量之和超过100mm，必将大流行。具体测报时要参考当地气象预报资料和历年发病规律进行。

■ 危害症状

葡萄霜霉病主要危害叶片，也危害新梢、花蕾和幼果等幼嫩部分。造成叶片早落、早衰，影响树势和营养贮藏（果实、枝条、根系），从而成为果实品质下降、冬季冻害（冬芽、枝条、根系）、春季缺素症、花序发育不良的重要原因。如果霜霉病发生早（春季多雨地区），危害嫩梢，嫩梢扭曲、死亡，危害花序和小幼果，严重时造成整个或部分花序（果穗）干枯、死亡，发病较轻或使用杀菌剂控制住害病后，则会加重中期的气灼病和转色期的干梗。发病初期叶片正面出现不规则淡黄色半透明油渍状小斑点，逐渐扩大成黄绿色，边缘界限不明显，多少数个小斑连成一个不规则或多角形的大病斑，并在叶背面产生黄白色的霜状霉层，病斑后期变成淡褐色，干裂枯焦而卷曲，严重时叶片脱落。

（1）叶片　受害后病部角型，淡黄至红褐色，限于叶脉。发病四五天后，病斑部位叶背面形成幼嫩密集白色似霜物，这是本病的特征，霜霉病因此而得名。病叶是果粒的主要侵染源。严重感染的病叶造成叶片脱落，从而降低果粒糖分的积累和越冬芽的抗寒力，从而影响来年产量。叶片的老化程度不同（主要是嫩叶和老叶），被侵染时间的长短也不同，正面病斑的颜色也会有不同，如浅黄、黄、红褐色；病斑的形状也有不同表现，如没有明显边缘的叶斑和叶脉限制的角状斑。发病严重时，整个病斑连在一起，叶片焦枯、脱落。

（2）新梢　上端肥厚、弯曲，由于形成孢子变白色，最后变褐色而枯死。嫩梢同样出现油（或水）浸状病斑，表面有黄白霉状物，但较叶片稀少。病斑纵向扩展较快，颜色逐渐变褐，稍凹陷，严重时新梢停止生长而扭曲枯死。霜霉病危害果梗、花梗、新梢、叶柄，最初形成浅颜色（浅黄色、黄色）水浸状斑点，之后发展为形状不规则的病斑，颜色变深，为黄褐色或褐色。天气潮湿时，会在病斑上出现白色霜状霉层；空气干燥时，病部凹陷、干缩，造成扭曲或枯死。开花前后的霜霉病，如果侵染花序、果梗或穗轴，使用内吸性杀菌剂后症状消失，但后期（转色期前后）容易造成干梗。

新梢、卷须、穗轴、叶柄发病后发展为微凹陷、黄色至褐色病斑，潮湿时病斑上同样产生白色霉层，病梢生长停滞，扭曲或干枯；病花穗渐变为深褐色，腐烂脱落。

（3）果粒　幼果感病初期，病部果色变灰为淡绿色，后期病斑变深褐色下陷，产生一层霜状白霉，果实变硬萎缩。果实半大时受害，果粒保持坚硬，提前着色变红，霉层不太明显，病部变褐凹陷，皱缩软腐易脱落，但不产生霉层，也有少数见病果干缩在树上。天气潮湿时，也会出现白色霜状霉层；天气干旱、干燥时，病粒凹陷、僵化、皱缩脱落。一般从着色到成熟期果实不发病。

■ 防治方法

（1）秋冬季清除菌源　秋季葡萄落叶后把地面的落叶、病穗扫净烧毁。冬季修剪时，尽可能把病梢剪掉，并再次清理果园，用3～5波美度石硫合剂或强力清园剂均匀喷枝干和地面。

（2）加强枝蔓管理　冬季合理修剪，春季花序现露后定梢引缚枝蔓，"一"字形、"H"

图 3-3　**葡萄霜霉病症状**

a.'白萝莎'叶正面天窗未能及时关淋雨感染霜霉病；b. 感染霜霉病；c.'天工玉液'二次果淋雨后感染霜霉病；d.'夏黑'淋雨后果粒感染霜霉中期

形整形、飞鸟形或水平叶幕的，梢间距 15cm（小叶型）～ 25cm（大叶型）。改善架面通风透光条件。注意除草、排水、降低地面湿度。适当增施磷钾肥，对酸性土壤施用石灰，提高植株抗病能力；双十字"V"形架应提高第一档结果母蔓绑缚高度和结果部位至 1 ～ 1.2m；增施磷钾肥料，提高植株抗病能力。

（3）调节棚室内的温湿度　花期控制温度 20 ～ 28℃、湿度控制在于 50%；坐果以后，室温白天应快速提温至 30℃以上，并尽力维持在 28 ～ 32℃，以高温低湿来抑制孢子囊的形成、萌发和孢子的萌发侵染。夜温维持在 10 ～ 15℃，空气湿度不高于 60%，用较低的温湿度抑制孢子囊和孢子的萌发，控制病害发生。

（4）避雨栽培　在葡萄园内搭建避雨设施，可防止雨水的飘溅，从而有效切断葡萄霜霉病原菌的传播。在设施大棚选用无滴消雾膜和地膜覆盖，降低其空气湿度和防止雾气发生，抑制孢子囊的形成、萌发和游动孢子的萌发侵染。

（5）化学防治　春季萌芽前喷洒 5 波美度石硫合剂。30% 吡唑醚菌酯水分散粒剂 1000～2000 倍液；23.4% 双炔酰菌胺悬浮剂 1500～2000 倍液；3×10^{9}CFU/g 可湿性粉剂哈茨木霉菌 200～250 倍液；0.3% 丁子香酚可溶液剂 500～650 倍液；22.5% 啶氧菌酯悬浮剂 1500～2000 倍液；50% 霜脲氰水分散粒剂 1200～1500 倍液；花前或套袋后可选用成本较低的以下几种农药：46% 氢氧化铜可湿性粉剂 1750～2000 倍液；33.5% 喹啉铜悬浮剂 750～1500 倍液；86% 波尔多液水分散粒剂 400～450 倍液。

（6）选用抗病品种　较抗霜霉病的品种有：欧美种有'寒香蜜''天工迷香''红香蕉''香悦''信农乐'，欧亚种有'摩尔多瓦''贵妃玫瑰'等。

---

3 葡萄白腐病

葡萄白腐病于1878年在意大利最早被描述（刘文钰，2016）。又称葡萄腐烂病，俗称水烂或穗烂，是南方葡萄生产中最主要的果实病害。

葡萄白腐病在世界上分布和葡萄分布基本一致，有葡萄的地区都有白腐病（郭小侠，2002）。在欧洲，由于白腐病的大发生与冰雹的发生有直接联系，被称为冰雹危害。在我国，葡萄白腐病普遍发生，20世纪被称为葡萄的四大病害之一。白腐病的流行或大发生，会造成20%～80%的损失。冰雹或雨后（长时间）的高湿结合温暖的温度（24～27℃），能造成白腐病的流行。

■ 病原

白腐病病菌白腐垫壳孢 *Coniella diplodiella* (Speg.) Petrak & Sydow，属半知菌亚门腔孢纲球孢目垫壳孢属。同名病菌 *Coniethyrium diplodiella* (Speg.) Sacc.，和 *Phoma diplodiella* Speg. 分生孢子为单胞，表面光滑，基部有枕状或柱状凸起的菌丝垫，属于内壁芽生平梗式产孢，没有环痕（陈彦，2006）。

白腐病菌的营养菌丝为无色，宽 12～16μm，有隔，分枝多。菌丝经常出现交叉，病形成厚垣孢子。分子孢子器在表皮下形成，成熟的分生孢子器为球形或扁球形，直径在 100～150μm。分生孢子梗单胞，不分枝，淡褐色。分生孢子单胞，半透明或淡褐色，大小为 8～16μm×5～7μm，标准形状为类似于船形，但一般是椭圆形或卵圆形。分生孢子在黏液中，通过分生孢子器的小孔挤压释放出来。

■ 发生规律

白腐病病菌主要发生在葡萄转色前后。侵染循环有两个截然不同的阶段：比较短的寄

图 3-4 葡萄白粉病症状

a. 病枝；b. 严重受害状；c. 整个果穗受害（许渭根 拍摄）

生阶段和在土壤中比较长的休眠阶段。病菌以分生孢子或分生孢子器存在于土壤中，经常发生白腐病的果园，土壤中含有丰富的分生孢子，一般情况下，每克表层土中含有 300 ～ 2000 个分生孢子。

白腐病属高温、高湿型病害。夏季大雨后接着持续高湿（相对湿度 95% 以上）和高温（24 ～ 28℃）是病害流行最适宜条件。大雨或连续下雨后就出现一次发病高峰，一般出现在雨后一周以后。特别是遇暴风雨，常引起白腐病大流行。白腐病首次侵染来自于土壤，主要靠雨滴溅散传播。结果部位过低，容易发病，肥水不足，管理粗放，排水不良，杂草丛生，留枝蔓过多，通风透光不良，发病就重。

白腐病主要通过伤口、密腺侵入，一切造成伤口的因素如暴风雨、冰雹、裂果、生长伤等均可导致病害严重发生。在适宜条件下，白腐病的潜伏期最短为 4d，最长为 8d，一般 5 ～ 6d。由于该病潜伏期较短，再次侵染次数多，所以白腐病是一种流行性很强的病害。白腐病主要危害葡萄的老熟组织，属于葡萄中后期病害。果实受害，多从果粒着色前后或膨大后期开始发病，越接近成熟受害越重。另外，果穗距离地面越近，发病越早、病害越重。据北方葡萄产区统计，50%以上的白腐病果穗发生在距地面 80cm 以内。欧美杂种较抗，欧亚种较敏感。

■ **危害症状**

主要危害穗轴、果实、叶片及新梢。果粒灰白色软腐；枝蔓病斑周围肿状，皮层与木质部分离呈丝状纵裂；叶片从叶尖、叶缘开始呈轮纹状病斑。病斑上生灰白色小粒点。

（1）果穗 先在小果梗或穗轴上发生浅褐色水渍状，不规则病斑，逐渐向果粒蔓延。严重发病时造成全穗腐烂，果梗穗轴干枯缢缩，震动时病果病穗极易落粒。

　　一般是从近地面果穗下部开始，逐渐向上蔓延。初期穗轴和果柄上产生淡褐色、水渍状、边缘不明显的病斑，病部皮层腐烂，手捏皮层易脱落，病组织有土腥味；后病斑逐渐向果粒蔓延，导致果粒从基部开始腐烂，病斑无明显边缘，果粒受害者初期极易受震脱落，甚至脱落果粒表面无明显异常，只是在果柄处形成离层；重病园地面落满一层果粒；随病斑扩展，整个果粒成褐色软腐；严重时全穗腐烂；后期果柄、穗轴干枯缢缩，不脱落的果粒干缩后呈猪肝色僵果，挂在蔓上长久不落。随病情发展，病果粒及病穗轴表面逐渐生灰褐色小粒点，粒点上溢出灰白色黏液；黏液多时使果粒似灰白色腐烂，故称"白腐病"。严重受害的果园，园外常堆满大量烂果。

　　整个果粒发育期均能发病，主要危害果粒和穗轴，引起穗轴腐烂。病果粒很容易脱落，严重时地面落满一层，这是白腐病发生的最大特征。

　　（2）新梢　往往出现在受损伤部位，如摘心部位或机械伤口处。开始时，病斑呈水渍状，后上下发展呈长条状，暗褐色，凹陷，表面密生灰白色小粒点，病斑环绕枝蔓一周时，其上部枝、叶由黄变褐，逐渐枯死，后期病斑处表皮组织和木质部分层，呈乱麻丝状纵裂。在病斑周围，有愈伤组织形成，会看到病斑周围有"肿胀"，这种枝条易折断。如果病斑围绕枝蔓一圈，病斑上部的一段枝条"肿胀"变粗，最后，上部枝条枯死。枝条上的病斑可以形成分生孢子器。据报导，幼苗、嫁接苗砧木、种植后的第一年，葡萄的枝蔓易受白腐病侵害。枝梢和幼树发病多从摘心处或机械伤口侵入，初期呈水浸状淡褐色病斑，并纵向扩展成凹陷暗褐色大斑，表皮密生灰白色小粒点；当病斑绕枝蔓一周时，其上部叶片枯死。

　　（3）叶片　一般在穗部发病后，叶片才出现症状。多从叶尖、叶缘开始，初呈水渍状褐色近圆形或不规则斑点，逐渐扩大成具有环纹的大斑，上面密生灰白色小粒点，以近叶脉处居多，病组织干枯后易碎裂、穿孔。病斑后期常常干枯破裂。病叶保湿，病斑迅速扩大，形成边缘不明显大斑，并在新发展病斑表面散出许多灰褐色小斑点。有时叶柄也可受害，形成淡褐色腐烂病斑。叶片受害，主要发生在老叶上。

　　■ **防治方法**

　　（1）加强果园管理　生长季节摘除病果、病蔓、病叶，减少病源基数。适当提高果穗与地面的距离调整结果部位，结果部位高，发病就轻。双十字"V"形架结果部位提高至100cm左右，可减轻病害的发生。科学用肥，合理留枝量和留果量，搞好清沟排水，及时除草，提高通风透光度，增强植株抗病能力。

　　（2）搞好果园卫生　认真搞好冬季清园和土壤消毒。冬剪时，彻底清除残枝、残果，及时烧毁；冬季深翻土壤。

　　（3）化学防治　重点抓住花序分离期、谢花后1周、成熟前半个月的防治关键期，药剂有：38%唑醚·啶酰菌1500～2500倍液；10%戊菌唑乳油2500～5000倍液；40%氟硅唑乳油8000～10000倍液；250g/L戊唑醇水乳剂2000～2500倍液。要交替使用，避免抗药性。茸球期对枝蔓、地面用铲除剂灭菌（3～5波美度石硫合剂和0.5%五氯酚钠），上一年发病重的葡萄园，待新梢生长期气温上升到15℃以上时，土壤中越冬的分生孢子已开始萌发，地面再喷一次铲除剂，可大量减少初侵染的菌源，注意必须在无风或微风下使用，避免将药液喷到植株任何部位。

4 葡萄白粉病

Schweinitz在1834年第一次描述了北美洲葡萄上的白粉病。葡萄白粉病在1845年之前的美洲葡萄上危害很轻。1845年英国的一位园艺工作者在英格兰的Margate首次发现该病，是欧洲第一次发现该病；1847年法国首次记录这种病害，并且当年造成了很大的损失，之后葡萄白粉病在法国普遍发生，损失巨大，其中1854年的损失达到了80%。从此葡萄白粉病成为声名狼藉的重大病害。目前，在世界各地的大多数葡萄种植区，都能找到葡萄白粉病，甚至在热带地区，也有葡萄白粉病的危害。在我国，葡萄白粉病普遍存在，很多葡萄种植区都有白粉病，但总体上雨水比较多的地区发病少、比较轻，雨水比较少的地区（如新疆、甘肃、宁夏、河北北部的干旱区等）发生普遍、危害比较严重。并且葡萄白粉病时设施葡萄栽培的重要病害，随着我国南方地区避雨栽培及其他设施栽培的面积扩大，白粉病成为这些地区葡萄园的重要病害。

白粉病是设施葡萄栽培中常见病害之一，特别对叶片和果粒的危害较重。葡萄白粉病对果实、叶片和新梢蔓等绿色部分均可受害，是葡萄重要病害之一。

■ 病原

葡萄白粉病的病原菌是葡萄钩丝壳菌 [*Uncinula necator* (Schw.) Burr.]，异名有：*Erysiphe necator* Schw.、*E. tuckeri* Berk、*U. americana* Howe、*U. spiralis* Berk and Curt.、*U. subfusca* Berk. & Curt.，属于子囊菌亚门核菌纲白粉菌目白粉菌科钩丝壳属。闭囊壳散生，黑褐色，大小 80 ～ 100μm，有 10 ～ 30 个附属丝；附属丝基部褐色，有分隔，不分枝，顶部卷曲，长度为闭囊壳的 2 ～ 3 倍；闭囊壳内有 4 ～ 8 个子囊；子囊椭圆形，一端稍翘起，无色，大小 50 ～ 60μm×25 ～ 36μm，内含 4 ～ 6 个子囊孢子；子囊孢子椭圆形，单胞，无色，大小 20 ～ 25μm×10 ～ 12μm。闭囊壳一般在生长后期产生。

无性世代为葡萄粉孢菌（*Oidium tuckeri* Berk.），属于半知菌亚门丝孢纲丛梗孢目丛梗孢科粉孢属。发病部位的白粉层为病菌的菌丝体、分生孢子梗、分生孢子，都是无性世

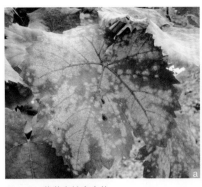

图 3-5　葡萄白粉病症状
a. '红宝石'无核叶白粉病；b. '里扎马特'果穗感染白粉病；c. 幼果白粉病

代。分生孢子串生于分生孢子梗顶端，念珠状；分生孢子无色，单胞，内含颗粒体，大小
16.3 ～ 20.9μm×30.3 ～ 34.9μm。

■ **发病规律**

葡萄白粉病重点发病月份：辽宁等北方地区一般 6 ～ 7 月开始发病，8 ～ 9 月为发病盛；
广东、湖南及上海等地，于 5 月下旬至 7 月开始发病，6 月中、下旬至 7 月上旬为发病盛期。
西北干旱和半干旱、设施栽培，高温干燥、闷热、通风透光不良发病严重，20 ～ 27℃，空
气相对湿度40% ～ 100%。欧美杂种较抗，欧亚种较敏感，东方品种群最敏感。

葡萄白粉病的病菌主要以菌丝体在被害组织内或芽鳞间越冬；被害组织上的闭囊壳也是
病菌重要的越冬形态；在保护地或南方气候温暖的地区，被害组织上的菌丝和分生孢子可以
越冬，也成为重要的病菌来源。翌年春天芽开始萌动后，菌丝体就可以产生分生孢子、闭囊
壳就可以产生子囊孢子；分生孢子、子囊孢子借助风和昆虫传播到刚刚发芽的幼嫩组织上，
菌丝上产生吸器，直接伸入寄主细胞内吸取营养，菌丝则在寄主表面蔓延，果面、枝蔓以及
叶面呈暗褐色，主要受吸器的影响。如果条件合适，分生孢子就可以萌发，侵入到寄主使葡
萄得病，出现第一批病新梢（病叶、病枝条）。对于芽鳞间有菌丝体越冬的，芽开始活动或
生长时，病菌也活动、生长，发芽后即为病芽、病梢，然后产生分生孢子再传播、危害。

温度、湿度和光照对于白粉病的发生有重要的影响作用。在 4 ～ 7℃时，分生孢子就
可以萌发；分生孢子萌发最适宜温度为25 ～ 28℃；分生孢子 5h 可以萌发，分生孢子萌发
的最高温度为35℃。20 ～ 27℃是病害发展的最合适温度；6 ～ 32℃病菌丝可以生长；在
23 ～ 30℃条件下，病菌从侵入到产生分生孢子需要 5 ～ 6d，而在 7℃条件下需要32d；据报
导36℃持续 10h 可以杀死分生孢子，39℃条件持续 6h 能杀死分生孢子。

相对湿度不是分生孢子萌发的限制因素，相对湿度比价低时（20%），也可以萌发；白
粉病菌分生孢子萌发和侵入的适宜相对湿度为40% ～ 100%；相对湿度影响白粉病菌分生孢
子的产生数量；据报导，24h 内，相对湿度30% ～ 40%、60% ～ 70%、90% ～ 100% 时产生
分生孢子的数量分别是2、3、4、5个。水分对白粉病发生不利，因为水分会造成分生孢子

吸水破裂、不能萌发。雨水对白粉病发生不利，因为雨水会冲刷掉分生孢子、破坏表面的病菌菌丝、造成分生孢子吸水破裂。

低光照、散光，对白粉病发生有利；强光照对白粉病发生不利。有研究表明，在散光条件下（其他条件相同）47% 分生孢子萌发，而强光条件下萌发率只有 16%。

■ 危害症状

主要危害幼果和嫩梢、叶片。

（1）新梢、穗轴　初现灰白色小斑，后变为不规则大褐斑，呈羽状花纹，上覆一层白粉。严重时，枝蔓不能成熟。

（2）果实　果实对白粉病敏感，糖分在 8% 之前的任何时期，都能感染白粉病；糖分超过 8%，对白粉病就产生抗性，一般不会再被侵染，但是（糖分在 8%～15%）被感染的果实能产生分生孢子；果实的含糖量超过 15%，果实不会被侵染，已经被侵染果实液不会再产生分生孢子。被害果粒表面出现黑色芒状花纹，上覆一层白粉，病部变褐或紫褐。因局部停止生长，畸形变硬，有时纵向开裂露出种子。果实发病时，先在果粒表面产生一层灰白色粉状霉，擦去白粉，表皮呈现褐色花纹，最后表皮细胞变为暗褐色，受害幼果糖分积累困难，味酸，容易开裂。

（3）叶片　叶片受害，起初产生白色或褪绿小斑，后表面长出粉白色霉斑，逐渐蔓延到整个叶片，叶片变褐，严重时病叶卷缩枯萎。新枝蔓受害，初呈现灰白色小斑，后扩展蔓延使全蔓发病，病蔓由灰白色变成暗灰色，最后黑色。叶片背面，病斑处组织褪色、变黄。

■ 防治方法

（1）加强葡萄园管理　加强栽培管理，增施有机肥料，加强树势，提高抗病力；及时摘心，绑缚新梢，疏剪过密枝叶和绑蔓，保持果园通风透光。

（2）搞好葡萄园环境卫生　秋冬季清园，减少侵染源。秋季葡萄落叶后将落叶、病穗扫净烧毁。冬季修剪时，尽可能把病梢剪掉，并再次清理果园，用 3～5 波美度石硫合剂匀喷枝干和地面。

（3）化学防治　开花前、后及套袋前，结合其他病虫害的防治，使用药剂，预防白粉病流行发生。在有利于白粉病发生的地区或设施栽培葡萄园，谢花后及幼果期是控制白粉病流行的关键时期，应用药剂预防。果实采收后全树喷药，控制叶片、枝蔓白粉病发生，减少翌年病菌量。

常用药剂：① 硫制剂：包括 45% 石硫合剂结晶粉剂 3～5 波美度、硫黄粉剂、硫胶悬剂、硫水分散粒剂等，利用硫原子和硫原子氧化物杀菌。硫制剂虽没有内吸性，但对葡萄白粉病有优异的治疗效果，是防治葡萄白粉病的基础药剂。硫制剂对葡萄白粉病有的治疗效果、没有抗性、成本低、对环境没有危害。硫制剂防治葡萄白粉病存在的问题：受温度限制，低于 18℃无效，高于 30℃易产生药害；干燥的条件药效好、湿润的条件药效差。② 内吸性杀菌剂：4% 嘧啶核苷类抗菌素水剂 400 倍液；25% 已唑醇悬浮剂量 8350～11000 倍液；10% 戊菌唑水乳剂量 2000～4000 倍液，50% 肟菌酯水分散粒剂 3000～4000 倍液。

5 穗轴褐枯病

穗轴竭枯病危害葡萄，一般减产10%～30%。严重时可减产40%以上；造成穗形不整。

■ 病原

称葡萄生链格孢霉（*Alternaria viticda* Brun），属半知菌亚门真菌。分生孢子梗数根。丛生，不分枝，褐色至暗褐色，端部色较淡。分生孢子单生或4～6个串生，个别9个串生在分生孢子梗顶端，链状。分生孢子倒棍棒状，外壁光滑，暗褐至榄褐色，具1～7个横隔膜、0～4个纵隔，大小20～47.5μm×7.5～17.5μm。

■ 发生规律

病菌以分生孢子在枝蔓表皮或幼芽鳞片内越冬，翌春幼芽萌动至开花期分生孢子侵入，形成病斑后，病部又产出分生孢子，借风雨传播，进行再侵染。人工接种，病害潜育期仅2～4d。该菌是一种兼性寄生菌，侵染决定于寄主组织的幼嫩程度和抗病力。若早春花期低温多雨，幼嫩组织（穗轴）持续时间长，木质化缓慢，植株瘦弱，病菌扩展蔓延快，随穗轴老化，病情渐趋稳定。老龄树一般较幼龄树易发病，肥料不足或氮磷配比失调者病情加重；地势低洼、通风透光差、环境郁闭时发病重。

病部表面生黑色霉状物，即病菌分生孢子梗和分生孢子。该病一般很少向主穗轴扩展，发病后期干枯的小穗轴易在分枝处被风折断脱落。穗轴褐枯病主要侵染的是没用完全木质化的花穗和果穗，随着枝条老熟，果实膨大，即停止侵染。相应的，花期和小幼果期是高发时期，应作为重点防治时期。欧美杂种中巨峰系品种抗病性较差。

■ 危害症状

症状主要发生在花穗和幼果穗的分枝穗轴上。感染花穗现褐色水浸状小斑点，随后迅速扩展，小穗轴变褐坏死。果粒发生圆形深褐色小斑点，病变只限于果皮。后期病斑呈疮痂状。当果粒长到适当大时疮痂脱落。由于分枝穗轴病变，常使果粒萎蔫脱落。危害果实造成果皮

图3-6　葡萄穗轴褐枯病

粗糙、没有果粉、易裂果等。

■ **防治方法**

（1）选用抗病品种　品种间抗病性存有差异。高抗品种有'龙眼''玫瑰露''康拜尔早''密而紫''玫瑰香'则几乎不发病。其次有'北醇''白香蕉''黑罕'等。感病品种有'红香蕉''红香水''黑奥林''红富士''巨峰'。

（2）搞好清园工作　结合修剪，清除越冬菌源。葡萄幼芽萌动前喷 3 ～ 5 波美度石硫合剂或 45% 晶体石硫合剂 30 倍液、0.3% 五氯酚钠 1 ～ 2 次保护鳞芽。

（3）加强栽培管理　靓果安 300 倍喷雾，控制氮肥用量，增施磷钾肥，同时搞好果园通风透光、排涝降湿，也有降低发病的作用。

（4）化学防治　葡萄开花前后喷 75% 百菌清可湿性粉剂 600 ～ 800 倍液或 70% 代森锰锌可湿性粉剂 400 ～ 600 倍液、40% 克菌丹可湿性粉剂 500 倍液、50% 扑海因可湿性粉剂 1500 倍液。常用药剂：① 保护性杀菌剂：50% 保倍福美双 WP1500 倍；代森锰锌（42% 代森锰锌 SC：600 ～ 800 倍液、80% 代森锰锌：800 倍液）等。② 内吸性杀菌剂有：10% 多抗霉素 WP600 倍或 3% 多抗霉素 WP200 倍；80% 戊唑醇 6000 倍液；20% 苯醚甲环唑 3000 倍液等。花序分离—开花前是最重要的药剂防治时间。对于花期前后雨水多的地区和年份，结合花后其他病害的防治，选择的化学能够兼治穗轴褐枯病。

---

6 **葡萄炭疽病**

葡萄炭疽病又名晚腐病，在我国各葡萄产区发生较为普遍。危害果实较重；在南方高温多雨的地区，早春也可引起葡萄花穗腐烂。美国于1891年最先报导此病害，之后在世界很多地区相继发现。从世界范围看，葡萄炭疽病在不同的年份和地区，发生和危害程度不同，但近些年圆叶葡萄有加重危害的趋势。在我国南方产区（黄河以南，尤其是长江流域及以南地区）发生比较普遍，有些年份非常严重；北方地区（河北、东北、山西、陕西、河南和山东北部），尤其是环渤海湾地区的炭疽病危害比较重，主要是酿酒葡萄，其他地区发生轻微，造成危害的年份很少；西部地区，如新疆、甘肃、宁夏等，很少或几乎没有炭疽病。

炭疽病不但侵染葡萄，而且危害苹果、杧果、茶、枸杞、橡胶、杉木、番茄等作物，主要造成果实腐烂，也出现叶斑等症状。

■ **病原**

葡萄炭疽病病原菌为围小丛壳菌（*Glomerella cingulata*），无性期为胶孢炭疽菌（*Colletortrichum gloeosporiodes*），属子囊菌亚门真菌。子囊壳半埋生在组织内，常数个聚生，梨形或近球形，深褐色，有短喙，周围具褐色菌丝状物及黏胶质，大小 125～320μm×150～204μm。壳内有束状排列的子囊，子囊棍棒状，无色，大小 55～70μm×9～16μm，子囊内有 8 个子囊孢子，椭圆形或稍弯呈香蕉状，单胞无色，大小 12～28μm×3.5～7μm。

■ **发生规律**

欧美杂种抗性较强，欧亚种较敏感，东方品种群最敏感。葡萄炭疽病菌有潜伏侵染的特性。当病菌侵入绿色部分后即潜状、滞育、不扩展，直到寄主衰弱后，病菌重新活动而扩展。所以病菌主要以菌丝体在 1 年生枝蔓表层组织及病果上越冬，或在叶痕、穗梗及节部等处越冬。翌春环境条件适宜时，产生大量分生孢子，通过风雨、昆虫传到果穗上，引起初次侵染。

1 年生枝蔓上潜伏带菌的病部，越冬后于翌年环境条件适宜时产生分生孢子。它在完成初侵染后，随着蔓的加粗与病皮一起脱落，而新的越冬部位，又在当年生蔓上形成，这就是该病菌在葡萄上每出现的新旧越冬场所的交替现象。2 年生蔓的皮脱落后即不带菌，老蔓也不带菌。

在河南郑州从 5～6 月开始，每下一场雨，即产生一批分生孢子，孢子发芽直接侵入果皮。潜育期，幼果为 20d，近成熟期果为 4d。潜育期的长短除温度影响外，与果实内酸、糖的含量有关，酸含量高病菌不能发育，也不能形成病斑；硬核期以前的果实及近成熟期含酸量减少的果实上，病菌能活动并形成病斑；熟果含酸量少，含糖量增加，适宜病菌发育，潜育期短。所以一般年份，病害从 6 月中下旬开始发生，以后逐渐增多，7～8 月果实成熟时，病害进入盛发期。

葡萄炭疽病有两个侵染过程。

① 带病的越冬组织（例如枝条、卷须等）经过水（雨水）充分润湿后形成分生孢子。分生孢子随着雨水飞溅，传播到新梢、叶片、叶柄、卷须、果柄、果实上，并造成侵染。对于果粒，孢子在果粒表面萌发，芽管先端生长出附着孢，10d 后附着胞上的菌丝通过角质层进入皮层细胞，直接侵入。除果实外，其他组织基本不发病，成为下一年的病原。这种侵染，一般在春季或雨季完成。② 被侵染的果实，在幼果期一般不发病，出现小黑点状病斑，等到成熟期发病；如果果实已经着色或成熟，侵入后经过 6～8d 的潜伏期表现症状。表现症状的葡萄粒，出现小黑点，而后产生粉红色的分生孢子团或块，借雨水飞溅、流出的果汁、昆虫等传播到健康果粒或枝条等。对于春季和初夏雨水多的地区，或晚熟品种，两个侵染过程发生的时间不同。

第一个侵染过程发生时间早，侵染的枝条、卷须、叶柄等成为明年的病原；被感染的果粒，成为转色或成熟期发病基数；第二个过程，是已经被侵染的果粒成熟期发病，继续造成侵染和传播。所以，防治的关键是抓住第一个过程。第一个过程主要发生在开花前和幼果期。对于春季和初夏干旱但中后期雨水多的地区，或早熟、中熟品种，会造成两个侵染过生的时

图 3-7 葡萄炭疽病症状

a.'巨峰'炭疽病前中期；b.'巨峰'炭疽病后期；c.'京玉'炭疽病；d.炭疽病病斑后期分生孢子；e.'东方指'炭疽病

间重叠，增加了防治炭疽病的难度。但是，开花前、后是最重要的防治时期。炭疽病与雨水的多少和时间有直接的关系。每次降雨，如果枝条的湿润时间足够，都会造成分生孢子的产生和传播。同时，水分是炭疽病侵入葡萄的条件。连续湿润 7 ~ 12h，炭疽病菌能在果穗或果粒上完成侵入；连续湿润 9h，带菌的枝条上可以产生分生孢子。如果分生孢子传播到果粒或果穗，高湿度也能造成病菌的侵入。

　　炭疽病的发生和发生程度，与栽培措施有关。这种关系来源于：栽培措施是否增加了果穗周围的湿度和增加了病菌的传播。增加湿度、增加传播的栽培措施有利于病害的发生和流行；减少湿度、减少传播机会的栽培措施不利于病害的发生和流行。不同的品种抗性不同。一般果皮薄的品种发病较重，早熟品种可避病，晚熟品种常发病较重。欧亚种葡萄，因为感病重，在南方不适种植。据资料记载，刺葡萄等品种比较抗炭疽病；'意大利''巨峰''红富士''黑奥林'等品种抗性中等；'贵人香''长相思''无核白''白牛奶''无核白鸡心''葡萄园皇后'等品种抗性较差。

病菌产生孢子需要一定的温度和雨量。孢子产生最适温度为 28～30℃，在上述温度下经 24h 即出现孢子堆；15℃以下也可产生孢子，但所需时间较长。至于产生孢子时的雨量，以沾湿病组织为度。华北地区 6 月中下旬的温度已能满足孢子产生的需要，但天气常干旱，因此，雨量就成为影响孢子产生的重要因素。若在这时期日降雨量在 15～30mm，田间即可出现病菌的孢子，以后陆续降雨，孢子也不断出现。葡萄成熟时高温多雨常导致病害的流行。炭疽病菌分生孢子外围，有一层水溶性胶质，分生孢子团块只有遇水后才能消散并传播出去；孢子萌发出需要高的温度。所以，夏季多雨，发病常严重。

■ **危害症状**

主要危害叶片果实和花穗。

（1）叶片　叶片发病较轻，果穗发病较重，果粒着色后期接近成熟时发病最重。初侵染时发生褐色小圆斑点，逐渐扩大并凹陷，病斑上产生同心轮纹，并生出排列整齐的小黑点，潮湿天气下溢出粉红色胶状物是该病主要识别特征。受害多在叶缘部位产生近圆形或长圆形暗褐色病斑，直径 2～3cm。空气潮湿时，病斑上亦长出粉红色的分生孢子团。

（2）花穗　葡萄在花穗期很易感染炭疽侵染的花穗自花顶端小花开始，顺着花穗轴、小花、小花梗初变为淡褐色湿润状，逐渐变为黑褐色腐烂，有的是整穗腐烂，有时间有几朵小花不腐烂。腐烂的小花受震动易脱落。空气潮湿时，病花穗上常长出白色菌丝和粉红色黏稠状物，此为病菌的黏分生孢子团。华南地区 3～4 月葡萄开花坐果期间常遇连绵不断的春雨，空气湿度很大，不少葡萄园常普遍发生炭疽病菌侵染的花穗腐烂，有的病穗率达20%～30%。

（3）果实　果实受侵染，一般转色成熟期才陆续表现症状。病斑多见于果实的中下部，初期在果面上生成水浸状褐色针头大小斑点并逐步扩大，直径可达 8～15mm，呈圆形褐色病斑略凹陷，逐渐长出排列成同心轮纹状小黑点，空气湿度大时分生孢子盘中出现粉红或橙红色的黏状物，严重时病斑扩展到整个果面软腐易脱落，发病较轻的果粒多不脱落，整穗挂在枝干上逐渐干枯，最后变成僵果。空气潮湿时，病斑上可见到橙红色黏稠状小点，此为病菌的分生孢子团。后期，在粉红色的分生孢子团之间或其周围偶尔可见到灰青色的一些小粒点，此为病菌的有性阶段子囊壳。发病严重时，病斑可扩展至半个以至整个果面，或数个病斑相连引起果实腐烂。腐烂的病果易脱落。

（4）果枝、穗轴、叶柄及嫩梢　受侵染后，产生深褐色至黑色的椭圆形或不规则短条状的凹陷病斑，空气潮湿时，病斑上亦可见到粉红色的分生孢子团。果梗、穗轴受害严重时，可影响果穗生长以至果粒干缩。

■ **防治方法**

（1）搞好清园工作　结合修剪清除余留在植株上的副梢、穗梗、僵果、卷须等，并把落于地面的果穗、残蔓、枯叶等彻底清除，集中深埋，以减少果园内病菌来源。春天葡萄萌动时，喷布波美 3 ～ 5 波美度石硫合剂或强力清园剂 600 ～ 800 倍液，铲除越冬菌源。

（2）加强栽培管理 果园排水不良，架式过低，蔓叶过密，通风透光不良等环境条件，都有利于发病。生长期要及时摘心，及时绑蔓，使果园通风透光良好，以减轻发病，同时须及时摘除副梢，防止树冠过于郁闭，不利于病害的发生和蔓延。幼果期采用套袋方法。注意合理施肥，氮、磷、钾三要素应适当配合，要增施钾肥，以提高植株的抗病力。雨后要搞好果园的排水工作，防止园内积水。

（3）化学防治 谢花后、幼果期、果实膨大期，转色初期喷药预防，常用药剂：保护性杀菌剂：86% 波尔多液水分散粒剂，30% 王铜（氧氯化铜）。内吸性杀菌剂：20% 抑霉唑水乳剂 800 ～ 1200 倍液，16% 多抗霉素 B 可溶粒剂 2500 ～ 3000 倍。

7 葡萄锈病

葡萄锈病是一种高等真菌性病害，病菌具有转主寄生习性。

■ 病原

为葡萄层锈菌，属担子菌亚门真菌。属于复杂生活环锈菌。据日本报导，该菌在清风藤科的一种泡花树上形成性子器和锈子器。

性子器圆形至近圆形，直径 100 ～ 130μm，初褐色后变黑色，从叶面突出。锈子器具光滑外壁，厚 5 ～ 7μm，包被细胞排列紧密，直径 150 ～ 200μm，从叶背长出，内生卵形锈孢子，大小 15 ～ 20μm×12 ～ 16μm，具细刺，无色，单胞。在葡萄上能形成夏孢子堆和冬孢子堆。夏孢子堆生于叶背，系黄色菌丛，直径 0.1 ～ 0.5mm，成熟后散出夏孢子。夏孢子卵形至长椭圆形，具密刺，无色或几乎无色，大小 15.4 ～ 24μm×11.7 ～ 16.1μm。细胞壁厚 1.5μm，孔口不明显，具很多侧丝，弯曲或不规则。

冬孢子堆生于叶背表皮下，也常布满全叶，圆形，直径 0.1 ～ 0.2mm，3 ～ 4 个细胞厚，初为黄褐色，后变深褐色。冬孢子 3 ～ 6 层，卵形至长椭圆形或方形，顶部淡褐色，向下渐淡，大小 16 ～ 30μm×11 ～ 15μm。胞壁光滑，近无色。

■ 发生规律

在温带和亚热带地区，病菌主要以夏孢子堆在病残组织上存活越冬，第一年越冬孢子通过气流传播，从气孔侵染危害。在北方寒冷地区，病菌主要以冬孢子堆在病残组织上越冬，翌年春季温度升高后，冬孢子萌发产生担孢子，经气流传播侵染转主寄主泡花树，并逐渐产生锈孢子，锈孢子经气流传播侵染葡萄，葡萄受害后，经 7d 左右潜育期发病，逐渐产生夏孢子堆和夏孢子，夏孢子经气流传播进行再次侵染。锈病在田间可发生多次再侵染。

夏孢子萌发温限 8 ～ 32℃，适温为 24℃，在适温条件下孢子经 60min 即萌发，5h 达

90%。冬孢子萌发温限 10～30℃，适温 15～25℃，适宜相对湿度 99%。冬孢子形成担孢子适温 15～25℃，担孢子萌发适温 20～25℃，适宜相对湿度 100%，高湿利于夏孢子萌发，光线对萌发有抑制作用，因此夜间的高温成为此病流行必要条件。试验表明：接菌后 6h 形成附着胞，12h 后经气孔侵入，5d 后扩展，7d 始见夏孢子堆。生产上有雨或夜间多露的高温季节利于锈病发生，管理粗放且植株长势差易发病，山地葡萄较平地发病重。

该病主要危害老叶，葡萄生长中后期发生较多。在高温季节，若阴雨连绵、夜间多露、枝叶茂密、架面阴暗潮湿，则有利于病害发生。管理粗放、植株兰长势弱容易发病；通风透光不良、小气候湿度高发病严重。各品种间抗病性差异较大，一般欧亚种葡萄较抗病，欧美杂交种葡萄较感病。

■ **危害症状**

葡萄锈病主要存在于植株中下部叶片。该病症初期会使叶面出现零星单个小黄点，周围水浸状，之后病变叶片的背面形成橘黄色夏孢子堆，逐渐扩大，沿叶脉处较多。夏孢子堆成熟后破裂，散出大量橙黄色粉末状夏孢子，布满整个叶片，致叶片干枯或早落。秋末病斑变为多角形灰黑色斑点形成冬孢子堆，表皮一般不破裂（陈彦，2006）。

偶见叶柄、嫩梢或穗轴上出现夏孢子堆。

■ **防治方法**

（1）搞好果园卫生　清洁葡萄园，加强越冬期防治。秋末冬初结合修剪，彻底清除病叶，集中烧毁。枝蔓上喷洒 3～5 波美度石硫合剂或 45% 晶体石硫合剂 30 倍液。

（2）选用抗病品种　一般欧洲种抗病性较强，欧美杂交种抗性较差。抗性强的品种有'玫瑰香''红富士''黑潮'等。此外'金玫瑰''新美露''纽约玫瑰''大宝'等中度抗病，'巨峰''白香蕉''斯蒂苯'等中度感病，'康拜尔''奈加拉'等高感锈病，生产上应注意应用。

（3）加强葡萄园管理　每年入冬前都要认真施足优质有机肥，果实采收后仍要加强肥水管理，保持植株长势，增强抵抗力，山地果园保证灌溉，防止缺水缺肥。发病初期适当清除老叶、病叶，既可减少田间菌源，又有利于通风透光，降低葡萄园湿度。

（4）化学防治　发病初期喷洒0.2～0.3 波美度石硫合剂或 45% 晶体石硫合剂 300 倍液、20% 三唑酮粉锈宁）乳油 1500～2000 倍液、20% 三唑酮·硫悬浮剂 1500 倍液、40% 多·硫悬浮剂 400～500 倍液、20% 百科乳剂 2000 倍液、25% 敌力脱乳油 3000 倍液、25% 敌力脱乳油 4090 倍液 +15% 三唑酮可湿性粉剂 2000 倍液、12.5% 速保利可湿性粉剂 4000～5000 倍液，隔 15～20d1 次，防治 1 次或 2 次。

图 3-8　葡萄锈病

8 葡萄黑痘病

葡萄黑痘病又名疮痂病，俗称"鸟眼病"，是葡萄上的一种主要病害。主要危害葡萄的新梢、幼叶和幼果等幼嫩绿色组织。

■ 病原

葡萄黑痘病病原菌是葡萄痂囊腔菌 [*Elsinoe ampelia* (de Bary) Shear]，属子囊菌亚门痂囊腔菌属。无性阶段为葡萄痂圆孢菌 [*Sphaceloma ampelium* (de Bary)]，属半知菌亚门痂圆孢菌属。病菌的无性阶段致病。病菌在病斑的外表形成分生孢子盘，半埋生于寄生组织内。分生孢子盘含短小、椭圆形、密集的分生孢子梗。顶部生有细小、卵形、透明的分生孢子，大小 4.8～11.6μm×2.2～2.7μm，具有胶黏胞壁和 1～2 个亮油球。在水上分生孢子产生芽管，迅速固定在基物上，秋天不再形成分生孢子盘，但在新梢病部边缘形成菌块即菌核，这是病菌主要越冬结构。春天菌核产生分生孢子。

子囊在子座梨形子囊腔内形成，尺度为 80～800μm×11～23μm，内含 8 个黑褐色、四胞的子囊孢子，尺度为 15～16μm×4～4.5μm。子囊孢子在温度 2～32℃萌发，侵染组织后生成病斑，并形成分生孢子，这就是病菌的无性阶段。

■ 发生规律

病菌以菌丝体在果园内残留的病组织中越冬，以结果母枝及卷须上的病斑为主。翌年环境条件适合时 4～5 月产生分生孢子。分生孢子借风雨传播，最初受害的是新梢及幼叶，以后侵染果、卷须等，能反复多次侵染，致使病害逐渐加重。孢子侵入后潜育期 6～12d。该病一般在 5 月下旬至 6 月初温度升高后开始发病，发病盛期在 6 月中旬至 7 月上旬，10 月以后病害停止发展。从葡萄生育期看，病害发生于现蕾开花期。

葡萄抗病性随组织成熟度的增加而增加。如嫩叶、幼果、嫩梢等最易感染。停止生长的叶片及着色的果实抗病力增强，偏施氮肥、新梢生长不充实、秋芽发育旺盛的植株及果园土质黏重、地下水位高、湿度大、通风透光差的均发病较重。高温多雨季节发病严重，排水不良，氮肥过多时也易染病。欧美杂种较抗，欧亚种较敏感，东方品种群最敏感。

■ 危害症状

主要危害葡萄的绿色幼嫩部位如果实、果梗、叶片、叶柄、新梢和卷须等。新梢、蔓、叶柄、叶脉、卷须及果柄受害时，呈暗色不规则凹陷斑，边缘深褐色，中央灰白色，病斑可连合成片形成溃疡，环切而使上部枯死。

（1）叶片 受害后初期发生针头大褐色小点，之后发展成黄褐色直径 1～4mm 的圆形病斑，中部变成灰色，最后病部组织干枯硬化，脱落成穿孔。在幼嫩叶面初期出现针尖大小红褐色或黑褐色小斑，斑点周围有黄晕逐渐扩大为圆形病斑，中央灰白色稍凹陷，周围有紫色晕圈，后期叶片穿孔，幼叶受害后呈多角形，多扭曲，皱缩为畸形。叶脉受害停止生长，叶形歪萎缩弯曲。老叶几乎不发病。

图 3-9　葡萄黑痘病症状

a. '美人指' 叶露天黑痘病；b. '红地球' 新梢黑痘病；c. 果实黑痘病；d. 幼梢花序黑痘病早期；e. 叶柄黑痘病；f. 叶片黑痘病

（2）果实　在着色后不易受此病侵染。绿果感病初期产生褐色圆斑，外围紫褐色，中央灰白色似鸟眼状，略凹陷，边缘红褐色或紫色似"鸟眼"状，多个小病斑联合成大斑；后期病斑硬化或龟裂。病果些味酸、无食用价值。

（3）新梢、叶柄、果柄、卷须　感病后最初产生圆形褐色小点，以后变成灰黑色，中部凹陷成干裂的溃疡斑，发病严重的最后干枯或枯死。

■ **防治方法**

（1）采用大棚或小环棚设施栽培。

（2）搞好果园卫生 搞好果园卫生，及时修剪、清除病叶、病果及病蔓等。秋冬季清园，减少初侵染来源。秋季葡萄落叶后把地面的落叶、病穗扫净烧毁。用 3 ～ 5 波美度石硫合剂匀喷枝干、架和地面。

（3）苗木消毒 葡萄黑痘病远距离传播主要是通过苗木。因此，对苗木、插条要进行严格检查，对有带菌嫌疑的苗木插条，必须进行消毒。

（4）化学防治 萌发前喷洒 3 ～ 5 波美度石硫合剂，或强力清园剂量 600 ～ 800 倍液。设施栽培几乎不发生。第一年露地栽培的，在葡萄生长期，自展叶开始，每隔 15 ～ 20d 喷药一次，80% 水胆矾石膏（波尔多液）400 ～ 800 倍液或喹啉酮或氢氧化铜或 30% 王铜（氧氯化铜）600 ～ 800 倍液预防。发病时用 40% 氟硅唑乳油 8000 ～ 10000 倍液或者 22.5% 啶氧菌酯悬浮剂量 1500 ～ 2000 倍液，交替使用 2 次。

9 葡萄线虫病

葡萄是许多植物寄生线虫的良好寄主。植物寄生线虫直接侵染葡萄根系，引起葡萄根系组织死亡或细胞增殖以及抑制分生组织分裂，使根系呈现局部坏死，产生结节。

■ 病原

病原为南方根结线虫 *Meloidogyne incognita* (Kofoid & White) Chitwood、爪哇根结线虫 *Meloidogyne javanica* (Treub) Chitwood]、北方根结线虫 *Meloidogyne hapla* Chitwood) 和泰晤士根结线虫 *M. thamesi* (Chitwood) Goodey。

南方根结线虫：会阴花纹呈高的方形的背弓，由平滑到波浪形的线纹组成；雌虫吻针锥部明显朝背面弯；雌虫头部，唇盘和中唇从顶面观呈哑铃状；二龄幼虫体长 346 ～ 463mm。爪哇根结线虫：会阴花纹呈背弓圆，且扁平；雌虫吻针锥部朝背面弯曲不明显；雌虫头部，唇盘和中唇呈哑铃状；二龄幼虫体长 402 ～ 560mm。花生根结线虫：会阴花纹呈背弓扁平至圆形；雌虫吻针粗壮，锥部和杆部均宽大；雌虫头部，唇盘和中唇呈哑铃形。二龄幼虫体长 398 ～ 605mm。北方根结线虫：会阴花纹呈圆的六边形到扁到卵圆形，在尾端区有刻点；雌虫吻针小，基圆球形，同杆部有明显的界线。雌虫头部，头冠高，但比头区窄的多，头区和身体有明显的界线。二龄幼虫体长 357 ～ 467mm。

特性：生活史和侵染雌虫体外产卵，多数在一基质中藏有多达 1500 个卵。基质通常位于根外，但也有的位于根内，四周完全被组织包围，幼虫长形，蜕皮 1 次，从卵孵出成为二龄幼虫。这些幼虫迁移在新部位取食，通过皮层，完成作为静止的内寄生的生活史。植株对线虫取食的反应是形成多核的。大细胞。幼虫不进一步取食，迅速蜕皮 3 次，变成雌成虫，呈梨形，从卵到成虫约需 25d，在 27℃的环境下，1 年可能发生数代。

图 3-10　葡萄线虫病症状
a. 温岭根腐线虫危害后叶症状；b. '夏黑'根结线虫

■ **发生规律**

以流水方向而论，上块田有病，下块田必然发病；土质疏松田块、砂土田块病重，黏土田块病较轻。

■ **危害症状**

受害植株地上部表现生长不良，常表现为矮小、黄化、萎蔫、果实小等，产量减少。根结线虫在土壤中呈现斑块状分布，容易误认为缺水、缺肥、缺素及其他因素造成。单条线虫可以产生很小的瘤，多条线虫侵染可以使根结很大，严重时可使所有吸收根死亡。

（1）根部　根结线虫危害葡萄植株后，引起吸收根和次生根膨大和形成根结。单条线虫可以引起很小的瘤，多条线虫的侵染可以使根结变大。严重侵染可使所有吸收根死亡，使根系生长不良，发育受阻，侧根、须根短小，输导组织受到破坏，吸水吸肥能力降低。线虫还能侵染地下主根的组织。

（2）叶片　叶片黄化细小，新梢倒数 5～7 叶以下叶片极易脱落，茎秆光秃。

（3）花　开花延迟，花穗短，花蕾少，甚至无花蕾。

（4）果实　果实小。

（5）全株　根结线虫侵染葡萄植株根系后，地上部的茎叶均不表现具诊断特征的症状，但葡萄植株生长衰弱，表现矮小、黄化、萎蔫等。根结线虫在土壤中呈现斑块型分布；在有线虫存在的地块，植株生长弱，在没有线虫或线虫数量极少的地块，葡萄植株生长旺盛，因此葡萄植株的生长势在田间也表现块状分布。这种分布易被误认为是被其他因素造成的，如缺水、缺肥、盐过多以及其他病原等，其实这正是根结线虫危害的地上部的整体表现。从病根及其周围土壤中常可分离到数量较多的根结线虫成虫和幼虫。将这些线虫回接到寄主葡萄根部，植株表现与田间相似的症状。

■ **防治方法**

（1）农业防治　种苗检疫，以限制病株、病土传到无病区。建立无病葡萄园。利用抗性砧木嫁接，是防治线虫病害的重要措施，如'SO4''5BB''5C''101-14''1103''Freedom'

'Dog ridge' 和 'Salt Creek' '抗砧 3 号' 等抗线虫砧木。

（2）化学防治 移栽前用溴甲烷、棉隆、硫酰氟等土壤熏蒸剂处理，熏蒸深度达 60 ～ 100cm，必须在移栽前 2 周盖膜处理，揭膜放气 10d 后才能种植。对轻病苗或来自病区的种苗要彻底进行处理：用 0.1%g 线磷（Nemacur）溶液浸泡 30min 或用 50℃温水处理 10min；根系土壤不宜除掉的，则处理根部携带的土壤 24h，再移栽到大田中。线虫专用菌剂："普乐微"阻碍线虫移动、抑制线虫增殖、灭杀线虫效果显著，预防和控制根结线虫、胞囊线虫、茎线虫等线虫病的危害，防效达 80% 以上。

（3）检疫 根结线虫一旦进入某处土壤，将是永久性的。但这种线虫也不是到处都有，尚未发现线虫地区或果园，则应尽量采取防范措施。检疫机构负责控制线虫的传入和蔓延。果农应检查果园是否有线虫，采取严格措施把线虫排除干净土壤之外。线虫通常随着带根的苗木传入新区，所以种植时应采用无线虫的带根苗木，最好是经过检疫的苗木。

10 葡萄褐斑病

葡萄褐斑病又称斑点病、褐点病、叶斑病和角斑病等，在我国各葡萄产地多有发生。褐斑病有大褐斑和小褐斑两种。

■ 病原

褐斑病是由半知菌亚门拟尾孢属的葡萄褐柱丝霉 [*Phaeoisariopsis vitis* (Lev.) Sawada.] 侵染引起。

大褐斑病 *Phaeoisariopsis vitis* (Lev.) Sawada，异名：*Cercospora viticala* (Ces. Sacc)。分生孢子梗常 10 ～ 30 梗集结成束状，直立，暗褐色，单个分生孢子梗大小 92 ～ 225μm × 2.8 ～ 4μm 有 1 ～ 6 个隔膜。老熟的分生孢子梗先端常有 1 ～ 2 个孢痕。分生孢子着生于分生孢子梗顶端，长棍棒状，微弯曲，基部稍膨大，上部渐狭小，有 0 ～ 9 个隔膜，褐色至暗褐色，大小 12 ～ 64μm × 3.2 ～ 6.8μm。

小褐斑病 *Cercospora roseleri* (Caff.) Sace。分生孢子梗较短，松散不集结成束，淡褐色。分生孢子长柱形，直或稍弯，有 3 ～ 5 个分隔，棕色。

■ 发生规律

褐斑病病菌分生孢子寿命长，可在枝蔓表面附着越冬，借风雨传播，在高湿条件下萌发，从叶背面气孔侵入，潜育期约 20d。北方多在 6 月开始发病，7 ～ 9 月为发病盛期多雨季节可多次重复侵染，造成大发生。以多雨潮湿的沿海和江南各地发病较多，第一次在 6 月，第二次在 8 月。果园管理不善，树势衰弱，果实负载量过大，高温高湿都易引起病害的流行。一般干旱地区或少雨年份发病较轻，管理不好的果园多雨年份后期可大量发病，引起早期落叶，影响树势造成减产。巨峰系品种发病较重。

图 3-11　葡萄褐斑病病症
a. 露地葡萄褐斑病；b. '巨峰'叶正面褐斑病；c. 葡萄叶反面褐斑病

■ 危害症状

主要危害中、下部叶片，侵染点发病初期呈淡褐色、不规则的角状斑点，病斑逐渐扩展，直径可达 1cm，病斑由淡褐变褐，进而变赤褐色，周缘黄绿色，严重时数斑连接成大斑，边缘清晰，叶背面周边模糊，后期病部枯死，多雨或湿度大时发生灰褐色霉状物。有些品种病斑带有不明显的轮纹。

病斑直径 3～10mm 者为大褐斑病，其症状因种或品种不同而异。病斑小，直径 2～3mm者是小褐斑病，大小一致，叶片上现褐色小斑，中部颜色稍浅，潮湿时病斑背面生灰黑色霉层，严重时一张叶片上生有数十至上百个病斑致叶片枯黄早落。有时大、小褐斑病同时发生在一张叶片上，加速病叶枯黄脱落。

■ 防治方法

（1）加强果园管理 彻底清除枯枝落叶减少病源。发芽前喷 3～5 波美度石硫合剂。

（2）化学防治 发病严重的地区结合其他病害防治，6 月可喷 1 次等量式 200 倍波尔多液，7～9 月间用 22.5% 啶氧菌酯悬浮剂 1500～2000 倍液，或 800～1000 倍 70% 托布津交替使用，每 10～15d 喷 1 次药。65% 的代森锰锌在某些葡萄果实上有药害，北方更明显，使用浓度应在 1000～1200 倍。

（3）加强果园管理 合理施肥，科学整枝。增施多元素复合肥。增强树势，提高抗病力，科学留枝，及时摘心整枝，通风透光。

11 葡萄黑腐病

葡萄黑腐病是真菌病害，在东北、华北等地发生较多，一般危害不重，在长江以南地区，如遇连续高温高湿天气，则发病较重，如1991年遇到特大洪涝灾害后，不少园子均发生了程度不一的黑腐病。

■ 病原

有性阶段为 *Guignardia bidwellii*，称葡萄球座菌，属子囊菌亚门真菌。无性阶段为 *Phoma uvicola*，称葡萄黑腐茎点霉，属半知菌亚门真菌。子囊壳黑色球形，顶端具扁平或乳状突开口，中部由拟薄壁组织组成。子囊棍棒形或圆筒状。子囊孢子透明，卵形或椭圆形，直或稍向一侧弯曲，一端圆无分隔。分生孢子器球形或扁球形，顶部孔口突出于寄主表皮外。分生孢子器壁较薄，暗褐色。分生孢子单胞、无色，椭圆形或卵圆形。

图 3-12 葡萄黑腐病病症
a. 黑腐病侵染叶片；b. 黑腐病侵染果实

■ **发生规律**

葡萄黑腐病从 6 月下旬至果实采收期都可发病。真菌病害，黑腐病菌主要以子囊壳在僵果上过冬，也可以分生孢子过冬，夏季以子囊孢子借风雨传播，水分和湿度适宜即可萌发侵入。孢子发芽需 36 ～ 48h，在 22 ～ 24℃时萌发约需 10 ～ 12h。在果实上潜育期 8 ～ 10d，分生孢子生活力很强。8 ～ 9 月高温多雨和近成熟期发病严重。欧亚种和美洲种的多数葡萄品种易感黑腐病。

■ **危害症状**

果实被害后发病初期产生紫褐色小斑点，逐渐扩大后，边缘褐色，中央灰白色，稍凹陷，发病果软烂，而后变为干缩浆果，有明显棱角，不易脱落，病果上生出许多黑色颗粒状小突起，即病菌的分生把子器或子囊壳。叶片发病时，初期产生红褐色小斑点，逐渐扩大成近圆形病斑，直径可达 4 ～ 7cm，中央灰白色，外缘褐色，边缘黑褐色，上面生出许多黑色小突起，排列成环状。新梢受害处生褐色椭圆形病斑，中央凹陷，其上有黑色颗粒状小突起。

■ **防治办法**

（1）清除越冬病原。

（2）加强葡萄园管理　按时喷杀菌剂、及时剪除病枝病果，铲除病源。采收前 1 周喷 1 遍杀菌剂，采收时彻底剪除病果，可减轻危害。

（3）化学防治　6 ～ 9 月间可喷百菌清 600 倍液，50% 多菌灵或托布津 800 倍液以及 1∶1∶200 倍波尔多液。在南方，在喷药防治上要抓住花前、花后和果实生长期 3 个关键时间，药剂以波尔多液为主，戊唑醇、苯醚甲环唑、代森锰锌、丙森锌等也可选用。

---

12 葡萄房枯病

葡萄房枯病，又名葡萄轴枯病、葡萄穗枯病、葡萄粒枯病。该病分布范围很广，中国主要分布在河南、安徽、江苏、山东、河北、辽宁、广东等地。

■ **病原**

房枯病病原菌是真菌，由半知菌亚门，葡萄生盘多毛孢菌 *Pestalotia uvicola* Speg 寄生所致。孢子盘近三角形或半球形，灰黑色，宽 300 ～ 400μm，分生孢子呈纺锤形，头部稍大，有 5 个细胞，大小为 18.6 ～ 25.4μm×6.2 ～ 9.9μm。有性世代 *Physalospora baccae* 称葡萄囊孢壳菌，属子囊菌亚门真菌。无性世代 *Macrophoma faocida* 称葡萄枯大茎点霉，属半知菌亚门真菌。子囊壳扁球形，黑褐色。子囊孢子无色，单胞，椭圆形。分生孢子器椭圆形，暗褐色。分生孢子梗短小，圆筒状，单胞，无色。分生孢子在 24 ～ 28℃经 4h 萌发。子囊孢子在 25℃ 5h 也可以萌发。病菌适应温限 9 ～ 40℃，15 ～ 35℃都能发病。

■ **发生规律**

北方地区 6～7 月开始发生，8～9 月为发病盛期。病菌以分生孢子器和子囊壳在病果或叶片上越冬，翌年 5～7 月放出分生孢子和子囊孢子，分生孢子和子囊孢子靠风雨传播到寄主上，即为初次侵染的来源，以 35℃最适宜，病菌本身发育虽然要求更高的温度，但侵入的温度常较发育的温度为低，因此 7～9 月，气温在 15～35℃时均能发病，但 24～28℃以最适于发病。高温、高湿，管理粗放，树势衰弱时发病严重。

一般欧亚系统的葡萄较感病，美洲系统的葡萄发病较轻，在潮湿和管理不善，树势衰弱的果园发病较重。

■ **危害症状**

房枯病从果实着色前期到采收期均可发生，主要危害果实果梗及穗轴，严重时也危害叶片。

图 3-13 葡萄房枯病

果穗受害后，初期在果梗基部或接近果粒呈现淡褐色病斑，以后逐渐扩大，颜色变成褐色，并蔓延到穗轴上，引起穗部发病，当病斑绕果梗一周时，则萎缩干枯；果粒感病时，首先是果蒂失去水分而萎蔫，以后出现不规则褐色斑点，再后扩展到全果粒并变灰，变褐，干缩成僵果，挂在树上不脱落。病斑表面产生稀疏而较大的黑色小粒点，也就是病原菌的分生孢子器；叶片感病后，最初出现红褐色圆形小斑点，后逐渐扩大，病斑边缘变褐色，中部灰白色，后期病斑中央散生小黑点。

■ **防治办法**

（1）搞好果园卫生　秋季要彻底清除病枝、叶果等，并集中烧毁或深埋，以减少翌年初侵染来源。

（2）加强果园管理　注意排水，及时剪副梢，改善通风透光条件，增施肥料，增强植株抵抗力。

（3）化学防治　葡萄落花后开始喷 1∶0.7∶200 波尔多液，每半月喷一次，或用 10% 的施保功可湿性粉剂 1500～2000 倍液，50% 的世高可湿性粉剂 5000～6000 倍，或用 50% 退菌特 500～800 倍液，可交替使用，喷药时应注意使果穗均匀着药。常用药剂还有代森锰锌、福美双、苯醚甲环唑、氟硅唑等。

13 葡萄蔓枯病

葡萄蔓枯病又称蔓割病。主要危害蔓或新梢。蔓基部近地表处易染病，初病斑红褐色，略凹陷，后扩大成黑褐色大斑。秋天病蔓表皮纵裂为丝状，易折断，病部表面产生很多黑色小粒点，即病菌的子实体。主蔓染病，病部以上枝蔓生长衰弱或枯死。新梢染病，叶色变黄，叶缘卷曲，新梢枯萎，叶脉、叶柄及卷须常生黑色条斑。

■ **病原**

蔓枯病病原为 *Cryptosporella viticola* (Red.) Shear，称葡萄生小陷孢壳，属子囊菌亚门真菌。无性世代为 *Fusicoccum viticolum* Redd.，称葡萄生壳梭孢，属半知菌亚门真菌。分生孢子器黑褐色，烧瓶状，埋生在子座中，分生孢子有两型。Ⅰ型为长纺锤形至圆柱形，略弯曲，单胞、无色。Ⅱ型为丝状，多呈钩形。有性阶段不多见。

枝枯病病原为 *Phomopsis viticola* (Sacc.)。称葡萄生拟茎点菌，属半知菌亚门真菌。分生孢子器单腔，生于子座表面，子座不明显，分生孢子有椭圆形和丝状两种。

■ **发生规律**

以分生孢子器或菌丝体在病蔓上越冬，翌年 5 ～ 6 月释放分生孢子，借风雨传播，在具

图 3-14 葡萄蔓枯病症状

水滴或雨露条件下，分生孢子经 4 ～ 8h 即可萌发，经伤品或由气孔侵入，引起发病。潜育期 30d 左右，后经 1 ～ 2 年才现出病症，因此本病一经发生，常连续 2 ～ 3 年。多雨或湿度大的地区、植株衰弱、冻害严重的葡萄园发病重。

图 3-15　葡萄枝枯病症状

■ **危害症状**

葡萄蔓枯病是葡萄的一种重要病害。主要分布在西北葡萄产区，河南、山东等省也有发生。葡萄枝枯病当年枝条染病多见于叶痕处，病部呈暗褐色至黑色，向枝条深处扩展，直到髓部，致病枝枯死。邻近健组织仍可生长，则形成不规则瘤状物，因此又称"肿瘤病"，染病枝条节间短缩，叶片变小。

■ **防治方法**

① 及时检查枝蔓，发现病部后，轻者用刀刮除病斑，重者剪掉或锯除，伤口用 5 波美度石硫合剂或 45% 晶体石硫合剂 30% 倍液消毒。② 加强葡萄园管理，增施有机肥，疏松或改良土壤，雨后及时排水，注意防冻。③ 可结合防治葡萄其他病害，在发芽前喷一次 80% 五氯酚钠 200 ～ 300 倍液 5 波美度石硫合剂。在 5 ～ 6 月及时喷射 1∶0.7∶200 倍式波尔多液 2 ～ 3 次或 77% 可杀得可湿性微粒粉剂 500 倍液、50% 琥胶肥酸铜（DT 杀菌剂）可湿性粉剂 500 倍液、14% 络氨铜水剂 350 倍液。

14 **葡萄溃疡病**

葡萄溃疡病是葡萄容易得的一种病。

■ **病原**

葡萄溃疡病主要是由葡萄座腔菌属的真菌（*Botryosphaeria* sp.）引起的，该属的无性型主要特征在于在 PDA 培养基上菌落为圆形，菌丝体埋生或表生，致密，颜色为深褐色或灰棕色。培养数天产生分生孢子器，聚生或单生，单腔。分生孢子长圆形或纺锤形，初始时为无色无隔，有的种会随着菌龄增长而颜色加深变为深棕色，并且具有不规则经向纹饰的单隔。

■ **发生规律**

4 ～ 6 月为主要发病时期，病原菌可以在病枝条、病果等病组织上越冬越夏，主要通过雨水传播，树势弱容易感病。欧美杂种品种抗性较强，欧亚种品种抗性较弱。

■ **危害症状**

葡萄溃疡病引起果实腐烂、枝条溃疡，果实出现症状是在果实转色期，穗轴出现黑褐色病斑，向下发展引起果梗干枯致使果实腐烂脱落，有时果实不脱落，逐渐干缩；在田间还观察到大量当年生枝条出现灰白色梭形病斑，病斑上着生许多黑色小点，横切病枝条维管束变褐；有时叶片上也表现症状，叶肉变黄呈虎皮斑纹状；也有的枝条病部表现红褐色区域，尤其是分枝处比较普遍。

■ **防治方法**

① 加强栽培管理，严格控制产量，合理肥水，提高树势，增强植株抗病力；棚室栽培的要及时覆盖薄膜，避免葡萄植株淋雨。② 拔除死树，对树体周围土壤进行消毒；用健康枝条留用种条，禁用病枝条留种条。及时清除田间病组织，集中销毁。③ 剪除病枝条及剪口涂药：可用甲基硫菌灵、多菌灵等杀菌剂加入黏着剂等涂在伤口处，防治病菌侵入。④ 疏花或疏果当天喷药。⑤ 化学防治：30% 吡唑醚菌酯水分散粒剂 1000～2000 倍、10% 苯醚甲环唑（世高）水分散粒剂 1500 倍、40% 氟硅唑乳油 8000 倍、20% 抑霉唑水乳剂 1500 倍。

图 3-16　葡萄溃疡病症状

a. '红地球'枝干溃疡病；b. '红地球'溃疡病；c. '美人指'溃疡病

15 葡萄树干病

葡萄树干病（Grape Trunk Disease）是由多种葡萄内生真菌一同诱发的，属多种真菌对葡萄共同造成的病害（黄峰，2015）。该病往往影响树龄大于 10 年的葡萄树。感染了这些疾病的木材和树叶会出现异常的虎斑条纹或变色图案。病症先出现在树叶，然后是茎，最终整个植株会在生长期中间完全枯萎。病情从初期到晚期的发展速度很快，有的晚期症状可能在最初症状出现后几天内就发生。在雨季过后的干燥天气中，发生葡萄树干病的可能性最高。

图 3-17　葡萄枝干病在主干、叶片上的症状

　　人们至今还没有找到合适的化学治疗药物。尽管之前使用砷酸钠的治疗效果明显，但从 2003 年开始，砷酸钠被欧洲政府禁用。另外两种用来保护伤口的药物，广谱杀菌剂苯菌灵和多菌灵也被禁用。所以目前，当葡萄藤开始出现树干病时，用以下 4 种防治措施：① 拔除整株葡萄藤；② 砍掉受感染的葡萄藤，进行重新嫁接；③ 将受感染的葡萄藤树干全部砍掉，然后在徒长上重新种植新的枝条作为未来的树干；④ 修复性手术：用小电锯将受感染的部分全部锯掉。这些被移除的受感染枝条需要全部烧毁。

二、病毒病害

　　由植物病毒寄生引起的病害。植物病毒必须在寄主细胞内营寄生生活，专化性强，某一种病毒只能侵染某一种或某些植物（张静雅，2019）。但也有少数危害广泛；如烟草花叶病毒和黄瓜花叶病毒。一般植物病毒只有在寄主活体内才具有活性；仅少数植物病毒可在病株残体中保持活性几天、几个月，甚至几年，也有少数植物病毒可在昆虫活体内存活或增殖。植物病毒在寄主细胞中进行核酸（RNA 或 DNA）和蛋白质外壳的复制，组成新的病毒粒体。植物病毒粒体或病毒核酸在植物细胞间转移速度很慢，而在维管束中则可随植物的营养流动方向而迅速转移，使植物周身发病。

图 3-18　葡萄病毒病

a. '夏黑' 叶片病毒病（云南建水）；b. '美人指' 五种病毒（GLRaV- 3、GVA、GRSPaV、GVE 和 GFkV）病混合发生症状
（浙江乐清）

（一）侵染与传播

蚜虫、线虫、粉蚧等可以传播植物病毒，葡萄繁殖材料是传播的主要途径。

（二）症状特点

受害植物常表现如下症状：① 变色。由于营养物质被病毒利用，或病毒造成维管束坏死阻碍了营养物质的运输，叶片的叶绿素形成受阻或积聚，从而产生花叶、斑点、环斑、脉带和黄化等。花朵的花青素也可因而改变，使花色变成绿色或杂色等，常见的症状为深绿与浅绿相间的花叶症如烟草花叶病。② 坏死。由于植物对病毒的过敏性反应等可导致细胞或组织死亡，变成枯黄至褐色，有时出现凹陷。在叶片上常呈现坏死斑、坏死环和脉坏死，在茎、果实和根的表面常出现坏死条等。③ 畸形。由于植物正常的新陈代谢受干扰，体内生长素和其他激素的生成和植株正常的生长发育发生变化，可导致器官变形，如茎间缩短，植株矮化，生长点异常分化形成丛枝或丛簇，葡萄梢尖并列分成两个稍尖，叶片的局部细胞变形出现疱斑、卷曲、蕨叶及带化等。

（三）发生与防治

病毒病的发生与寄主植物、病毒、传毒介体、外界环境条件，以及人为因素密切相关。当田间有大面积的感病植物存在，毒源、介体多，外界环境有利于病毒的侵染和增殖，又利于传毒介体的繁殖与迁飞时，植物病毒病害就会流行。植物繁殖材料可利用脱毒技术获得无毒繁殖材料，或通过药液热处理进行灭毒外，尚无理想的药剂治疗方法。宜以预防为主，综合防治：一方面消灭侵染来源和传播介体；另一方面采取农业技术措施，包括增强植物抗病力、繁殖和推广脱毒苗等。

（四）葡萄主要病毒病害

1 葡萄扇叶病

葡萄扇叶病是一种病毒病害，在我国部分葡萄园有发生。病株衰弱，寿命短，平均减产在30%～50%。葡萄扇叶病又名葡萄退化，世界葡萄产区均有分布，在我国普遍发生，是影响我国葡萄生产的主要病害之一。

■ 病原

葡萄扇叶病毒属线虫传多角体病毒组，机械传染，病毒颗粒球形，直径30nm，具角状外貌。扇叶病毒极易进行汁液接种，病毒可侵染胚乳，但不能侵染胚，故葡萄种子不能传播，但试验草本寄主可由种子传播。病毒的自然寄主只限于葡萄属，但试验寄主则相当广泛，包括7个科30种植物。杂色藜、昆诺藜、千日红、黄瓜是有用的诊断寄主。汁液摩擦接种效果很好。也有利用沙地葡萄'圣乔治'通过嫁接接种扇叶病毒，同常规技术筛选，很少发血清变种，但可用单克隆抗体检测血清的差异，人工接种草本指示植物和自然感染的植株，可见到许多不同的生物学变种。

■ 发生规律

春季症状明显，随着气温升高，病害受到抑制。扇叶病的研究工作有待深入发展，目前有不少问题尚不十分清楚。已知该病毒为粒体，呈多面体，直径30nm。病毒病的传播媒介，繁殖材料远距离传播、剑线虫近距离传播，一般说有蚜虫、叶蝉、线虫类等，在同一葡萄园内或邻近葡萄园之间的病毒传播，主要以线虫为媒介。有两种剑线虫可传毒，即标准剑线虫和意大利剑线虫，尤以标准剑线虫为主，这种线虫的自然寄主较少，只有无花果、桑树和月季花，而这些寄主对扇叶病毒都是免疫的，不表现症状，扇叶端正毒存留于自生自长的植物体和活的残根上，这些病毒，构成重要的侵染源。长距离的传播，主要是通过感染插条、砧木、种苗的转运所造成的。目前研究，葡萄扇叶病可由加州剑线虫、意大利剑线虫传毒，其他昆虫是否传毒尚不清楚。欧美杂种症状明显，欧亚种症状轻微。

■ 病害症状

病株叶片略成扇状，叶脉发育不正常，主脉不明显，由叶片基部伸出数条主脉，叶缘多齿，常有退绿斑或条纹，其中黄花叶株系叶片黄化，叶面散生退绿斑，严重时使整

图 3-19　病毒病早夏无核叶片黄化

叶变黄。脉带株系病叶沿叶脉变黄。叶略畸形。枝蔓受害，病株分枝不正常，枝条节间短，常发生双节或扁枝症状，病株矮化。果实受害，果穗分枝少，结果少，果实大小不一，落果严重。病株枝蔓木质化部分横切面，呈放射状横隔。

■ 危害症状

病毒的不同株系引起寄主产生不同的反应，有 3 种症候群。

（1）传染性变形或称扇叶　由变形病毒株系引起。植株矮化或生长衰弱，叶片变形，严重扭曲，叶形不对称，呈环状，皱缩，叶缘锯齿尖锐。叶片变形，有时伴随着斑驳。新梢也变形，表现为不正常分枝、双芽、节间长短不等或极短、带化或弯曲等。果穗少，穗型小，成熟期不整齐，果粒小，坐果不良。叶片在早春即表现症状，并持续到生长季节结束。夏天症状稍退。

（2）黄化　由产生色素的病毒株系引起。病株在早春呈现铬黄色褪色，病毒侵染植株全部生长部分，包括叶片、新梢、卷须、花序等。叶片色泽改变，出现一些散生的斑点、坏斑、条斑到各种斑驳。斑驳跨过叶脉或限于叶脉，严重时全叶黄化。在浙江促早栽培的 2 ～ 4 月出现症状；在郑州，于 5 月可见到全株黄化的情况。春天远看葡萄园，可见到点点黄化的病株。叶片和枝梢变形不明显，果穗和果粒多较正常小。在炎热的夏天，刚生长的幼嫩部分保持正常的绿色，而在老的黄色病部，却变成稍带白色或趋向于褪色。

（3）镶脉或称脉带　是另一种症状，传统说法认为是产生色素的病毒株系引起。可能有不同的病因学。

■ 防治方法

① 选择土壤内没有传毒线虫的地块建园，栽树前用杀线虫剂杀灭土壤线虫。② 现阶段通过生物工程技术，可以用组培法培养无毒苗，栽种不带毒的良种苗。③ 葡萄园有病株，病株率不高时可以及时刨除发病株并对病株根际土壤使用杀线虫剂杀死传毒线虫。④ 及时防治各种害虫，尤其是可能传毒的昆虫，如叶蝉、蚜虫等，减少传播机会。⑤ 使用脱毒苗木。⑥ 5 ～ 7 叶期使用防病毒病药钝化病毒：如寡糖·链蛋白 75 ～ 100g/ 亩喷梢叶，发病前至初期使用，连续 2 ～ 3 次。

---

2 卷叶病

葡萄卷叶病是一种病毒类侵染病害。葡萄卷叶病具半潜隐特性，在大部分生长季节不表现症状，多数欧亚种病株在果实成熟阶段才出现症状。在采收后到落叶前叶片症状最明显，叶缘反卷，脉间变黄或变红，仅主脉保持绿色；有的品种则叶片逐渐干枯变褐。

■ 病原

葡萄卷叶病可能是由复杂的病毒群侵染引起，其成员大多属黄化病毒组。全球至少已检测出 5 种类型的黄化病毒组成员，定名为葡萄卷叶相关黄化病毒组（GLRaV）Ⅰ型、Ⅱ型、Ⅲ型、Ⅳ型和Ⅴ型。病毒颗粒的长度为 1800 ～ 2200nm。从感病葡萄分离出的病毒有相当程度的一致性。还有一种较短的黄化病毒组病毒，颗粒长 800nm，称为葡萄病毒 A（GVA），也经常和本病的发生有关联。上述病毒间均无血缘关系；而且发生只限于韧皮部，不能靠机械传染，但难度很大，有越来越多的证据表明，上述 1 种或多种病毒联合感染引起卷叶症状，可以认为是病害的病原。

■ **发生规律**

在活体病株内越冬。在非灌溉区的葡萄园，叶片的症状始见于 6 月初，而灌溉区迟至 8 月。繁殖材料远距离传播，粉蚧等介壳虫、菟丝子等媒介近距离传播。

据报导，在美洲种群、东亚种群中没有发现卷叶病症状，欧亚种群卷叶病症状的品种比例最高，且程度严重；欧美杂种、欧山杂种均有表现卷叶病毒的品种，但发病率、严重程度低于欧亚种；欧亚种中，以鲜食品种为主的东方品种群比以酿酒品种为主的西欧和黑海品种群卷叶病发病率低；其中，在酿酒葡萄品种中卷叶病最严重的品种有：'白诗南''品丽珠''梅鹿辄''蛇龙珠''白玉霓''赤霞珠''歌海娜''黑比诺'。欧亚种症状明显，欧美杂种症状轻微。

■ **危害症状**

春季的症状较不明显，病株比健株矮小，叶片反卷，萌发迟。在非灌溉区的葡萄园，叶片的症状始见于 6 月初，而灌溉区迟至 8 月。红色品种在基部叶片的叶脉间先出现淡红色斑点，夏季斑点扩大、愈合，致使脉间变成淡红色，到秋季，基部病叶变成暗红色，仅叶脉仍为绿色。白色品种的叶片不变红，只是脉间稍有褪绿。病叶除变色外，叶变厚、变脆，叶缘下卷。病株果穗：果梗粗硬，穗明显短小，红至紫黑色品种的病穗果粒间着色不匀，如'美人指'有青有红。叶柄中钙、钾积累，而叶片中含量下降，淀粉则积累。症状因品种而异，少数品种如'无核白'（'Thompson'）的症状很轻微，仅在夏季的叶片上出现坏死。坏死位

图 3-20 葡萄卷叶病症状

a. '美人指'感染卷叶病毒病；b. '美人指'感染卷叶病毒病后穗小产量低

于叶脉间和叶缘。多数砧木品种为隐症带毒。

■ 防治方法

（1）选种无病毒苗木　使用脱毒苗木，国外已有血清酶联盒，作快速检测用，欧洲的瑞士、法国和美洲的美国均有出售。它有多种血清型。我国现在正在研究试制。苗木要经过指示植物或血清检测证明无毒才可安全使用。检测卷叶病毒的木本指示植物：有'品丽珠''嘉美''黑皮诺''梅露汁''巴比拉''赤霞珠''米笋'以及'LN-33'等。可在温室22℃环境中作绿枝嫁接。绿枝嫁接后4～6周，叶片变红反卷。田间嫁接要6～8个月至2年才表现症状。

（2）植株脱毒　热处理整株葡萄，在38℃下经3个月，然后将新梢尖端剪下放于弥雾环境中生根，或茎尖组培；组瓶内热处理；微型嫁接和分生组织培养等。

（3）植物检疫　避免和传播病。

（4）农业防治　挖除症状明显发病株并烧毁，土壤消毒处理。

（5）化学防治　消灭植株传毒的粉蚧等虫和传毒植物及土毒的线虫；稍有症状的，加强管理提高植株抵抗力，用药使病毒钝化，药剂参考扇叶病毒。

---

3 栓皮病

葡萄栓皮病是由一种潜隐性病毒侵染而引起的常见的葡萄疾病。葡萄栓皮病在世界葡萄产区分布较广，在大多数欧洲葡萄品种和美洲种砧木上表现潜隐，嫁接在山葡萄、贝达葡萄砧木上，症状明显。近年来中国一些葡萄园也发现此病危害。

■ 病原

现在认为栓皮病是病毒病，虽然它们的病原尚未肯定清楚。属于黄化病毒组织的葡萄病毒A(GVA)，该病原最初是从意大利有小凹陷症状的葡萄树干分离出来的。但是，有些病毒是与在卷叶病上发现的相同。这样，病害是由一种或多种病毒引起的设想，仍是根据嫁接和传毒媒介的传染性能确定的。

■ 发生规律

病毒主要在活体病株内越冬，病害主要通过带毒的繁殖材料或嫁接传播。在欧洲尚没有观察到田间蔓延，墨西哥和以色列曾报导栓皮病毒能自然蔓延。长尾粉蚧（*Planococcus ficus*）可传播栓皮，也有报导证明指示植物LN-33表现症状。

■ 危害症状

多数品种病株只表现生长衰退，而没有栓皮病的特有症状。只有几个品种的症状较为典型，如'Palomino''Petite Sirah''Mondeuse''品丽珠'和'Gamay'。主要表现为：春季发芽晚，在生长早期，每个蔓上会出现一或多个死果枝，蔓柔软下垂，基部的树皮开裂。生长季后期，蔓呈淡蓝紫色，而在已木质化的蔓上可散生未木质化的绿色斑块。早春病叶小而呈淡白色，生长季后期叶缘下卷，红色品种叶片的叶肉和叶脉全变红色，比健株或卷叶病株晚落叶 3 ~ 4 周。在佳利酿的病株只表现叶片褪色，即早春呈淡黄色，夏季仍不消失。品种'Petite Sirah'生病后也有时出现类似的黄叶症。带病毒的嫁接苗，最初几年生长结果正常，但随着树龄增加，接穗膨大，表皮粗糙而纵裂，嫁接苗木接口上下木质部出现不规则的沟槽和凸凹病状。树势逐年衰弱，生长阻滞，几年之后接穗部死亡。

■ 防治方法

（1）植物检疫　避免和传播病。

（2）脱毒处理　对于较优良的品种，从田间已无法选出无病毒母株时，才有必要放在38℃、适合光照下处理 98d 或更长时间，再取茎尖进行组培，经检测无毒，扩大繁殖后用于生产。

（3）农业防治　选用无病毒母株进行无性繁殖。挖除症状明显发病株并烧毁。

---

4 茎痘病

葡萄茎痘病的主要特征是砧木和接穗愈合处茎膨大，接穗常比砧木粗，皮粗糙或增厚，剥开皮，可见皮反面有纵向的钉状物或突起纹，在对应的木质部表面现凹陷的孔或槽。

■ 病原

有关毒源种类尚在研究中。已有报导，在葡萄茎痘病病株中，分离到一种丝状病毒，像是黄化线条病毒组的病毒，即葡萄 A 病毒，简称 GVA。其粒体为 $800nm \times 11 \sim 12nm$，中心髓直径为 $3.6 \sim 4.0nm$。稀释限点 10 ~ 5，致死温度 50℃，体外存活期 20℃条件下 6d，5℃为 15d。经摩擦接种可侵染克里夫兰烟，表现明脉或矮化。此外，还发现有葡萄 B 病毒，简称 GVB，用这两种丝状病毒接种葡萄尚未成功，因此，还需要深入研究。

■ 发生规律

在活体植株内越冬，现已证实通过嫁接可传病，至于汁液是否传病还有待明确，在田间，茎痘病主要借带病插条、接穗或砧木进行传播。繁殖材料远距离传播、粉蚧近距离传播。

■ 危害症状

葡萄染茎痘病后长势差，病株矮，春季萌动推迟月余，表现严重衰退，产量锐减，不能结实或死亡。嫁接口上部增厚、木栓化、组织疏松粗糙；木质部和树皮形成层常见凹陷的痘孔或沟槽。

■ 防治方法

（1）植物检疫　避免和传播病。

（2）植物脱毒　采用热处理热处理脱毒的方法：用 1 年生盆栽葡萄，在 38 ~ 40℃的温度条件下处理 60d 或 150d 后，然后进行嫩梢扦插或微型嫁接或分生组织培养，以获得无毒苗木。

（3）农业防治　建立无病母园，繁殖无病母本树，生产无病无性繁殖材料。建园时，应选择 4 年以上未栽植过葡萄的土地，以防止残留在土中的线虫作为感染源；园址应离其他葡萄园 20m 以上，以防止粉蚧等媒介从带毒葡萄园中传带病毒。沙地葡萄较为敏感，栽培品种发病率低。对已染病的葡萄园，如发现病株，应即时挖除，清除根系，并用草铵膦等除草剂处理，防止根蘖的产生。

图 3-21　葡萄茎痘病症状

5　葡萄铬花叶病毒病

葡萄花叶病毒病见于葡萄品种保留区中，染病株植株矮小，春季叶片黄化并散生受叶脉限制的褪绿斑驳，进入气温高的盛夏褪绿斑驳逐渐隐蔽或不明显，致叶片皱缩变形，秋季新叶又现褪绿斑驳，影响果实的品质和产量。

■ 病原

斑萎病毒。病根切片经电镜观察，根细胞内有球状具外膜的粒子，直径 83nm，病毒质粒单独分散于细胞质中或成群集于大型膜状构造内，病毒质粒直径 72 ～ 93nm。质粒中央部分电子密度较高，外围颜色稍浅成一环状。该病毒的质粒很易遭破坏而变形，出现尾状物或成哑铃形。上述特性与台湾报导葡萄黄化萎缩病相似。番茄斑萎病毒能侵染葡萄、番茄、黄瓜等 20 多种植物。稀释限点 1000 ～ 100000，致死温度 45 ～ 50℃，22℃室温下，体外存活期为 5 ～ 6h。

■ 发生规律

在活体病株内越冬。汁液摩擦或嫁接均可传毒。症状在夏季出现。

■ 危害症状

葡萄花叶病毒病见于葡萄品种保留区中。新梢：新梢萎缩。叶片：先浅黄色小斑点，散生，后斑点颜色加深，随黄点相互连成不规则大斑，呈铬黄色花叶状，有的集中在叶脉附近，随气温升高铬黄色变为黄白色或褐色，提早落叶。果实：幼果期果面及深达果肉多发生浓绿色斑点，影响成熟期果实饱满度及着色，果肉品质变差。植株：染病株植株矮小，树势衰弱。

■ **防治方法**

① 选择土壤内没有传毒线虫的地块建园，栽树前用杀线虫剂杀灭土壤线虫。② 现阶段通过生物工程技术，可以用组培法培养无毒苗，栽种不带毒的良种苗。③ 葡萄园有病株，病株率不高时可以及时刨除发病株并对病株根际土壤使用杀线虫剂杀死传毒线虫。④ 及时防治各种害虫，尤其是可能传毒的昆虫，如叶蝉、蚜虫等，减少传播机会。⑤ 使用脱毒苗木。

三、细菌病害

细菌性病害是由细菌病菌侵染所致的病害，如软腐病、根癌病、青枯病等。侵害植物的细菌都是杆状菌，大多数具有一全数根鞭毛，可通过自然孔口（气孔、皮孔、水孔等）和伤口侵入，借流水、雨水、昆虫等传播，在病残体、种子、土壤中过冬，在高温、高湿条件下容易发病。细菌性病害症状表现为萎蔫、腐烂、穿孔等，发病后期遇潮湿天气，在病害部位溢出细菌黏液，是细菌病害的特征。

（一）侵染与传播

细菌性病害多数由伤口侵入，如果植物本身没有伤口，病菌很难侵入。而且病菌会侵入弱植株。植物本身生长比较健壮的情况下，病菌很难侵入。

（二）病状特点

分为几种类型：斑点型、叶枯型、青枯型、溃疡型等等。

斑点型，由假单孢杆菌侵染引起病害中，有相当数量呈斑点状。如褐斑病、角斑病等；叶枯型，多数由黄单孢杆菌侵染引起，受侵染后最终导致叶片枯萎。青枯型，一般由假单孢杆菌侵染植物维管束，阻塞输导通路，致使植物茎、叶枯萎；溃疡型，一般由黄单孢杆菌侵染植物所致，后期病斑木栓化，边缘隆起，中心凹陷呈溃疡状；腐烂型，多数由欧文氏杆菌侵染植物后引起腐烂；畸形，由癌肿杆菌侵染所致，使植物的根、根茎及枝杆上造成畸形，呈肿瘤状，如根癌病等。

细菌性病害与植物真菌性病害的主要区别，细菌病害的病症无霉状物，而真菌病害则有霉状物（菌丝、孢子等）。细菌病害的病症主要有：斑点型和叶枯型细菌性病害的发病部位，先出现局部坏死的水渍状半透明病斑，在气候条件潮湿时，从叶片的气孔、水孔、皮孔及伤口上有大量的细菌溢出黏状物——细菌脓；青枯型和叶枯型细菌病害的确诊依据，用刀切断病茎，观察茎部断面维管束有否变化，并用手挤压，即在导管上流出乳白色黏稠液——细菌脓。利用细菌脓有无可与真菌引起的枯萎病相区别；腐烂型细菌病害的共同特点是病部软腐、黏滑，无残留纤维，并有硫化氢的臭气，而真菌引起的腐烂则有纤维残体，无臭气。遇到细菌病害发生初期，还未出现典型的症状时，需要在低倍显微镜下进行检查，其方法是，切取小块新鲜病组织于载玻片上，点水、盖上玻片、轻压，即能看到大量的细菌从植物组织中涌出云雾状菌泉涌出。

（三）发生与防治

要防止细菌性病害的发生，首先要注意以下这几个方面：① 要求植株健壮，细菌就难以侵染。② 不能有伤口，抹芽、摘心、疏花、疏果、雹伤、冻害等容易对葡萄植株造成伤口，引发病害。③ 要控制环境条件。第四要实行化学防治，植物细菌性病害的防治药剂有农用链霉素、中生霉素等生物制剂、叶枯唑、有机铜和无机铜等各种铜制剂、三氯乙氰尿酸和高锰酸钾等强氧化性药物。农用链霉素、克杀得等连续使用了几十年，造成了对细菌的抗药性。细菌性病害特别难治，预防效果比较好的是有机铜制剂，治疗效果较好的是三氯乙氰尿酸钠等。

葡萄细菌病害有 10 余种。其中，常见并较重要的有葡萄根癌病、葡萄细菌性枯萎病、葡萄皮尔斯氏病、葡萄黄金病、葡萄侵染性坏死病和葡萄酸腐病。

（四）葡萄主要细菌病害

---

1 葡萄酸腐病

葡萄酸腐病是一种二次侵染病害。病原菌为醋酸细菌、酵母菌、多种真菌等从伤口侵染。病害发生程度与管理水平和方法关系很大。葡萄酸腐病近几年在我国已成为葡萄的重要病害，危害严重。

■ **病原**

果蝇幼虫等。

■ **发病规律**

一般 7～8 月发病较重。果蝇是病菌的传播者，伤口是病菌存活和繁殖的场所，果蝇在伤口处产卵，在爬行、产卵的过程中传播细菌。果蝇卵孵化或幼虫取食同时造成果实腐烂，随着果蝇指数增长，引起病害的流行。严格讲，酸腐病不是真正的一次性侵染病害，应属于二次侵染病害。首先是由于伤口的存在，从而成为真菌和细菌存活和繁殖的初始因素，并且引诱醋蝇来产卵。醋蝇身上有细菌的存在，爬行、产卵的过程中传播细菌。引起酸腐病的真菌是酵母菌。首先有伤口，而后在醋蝇在伤口处产卵并同时传播细菌，醋蝇卵孵化、幼虫取食同时造成腐烂，之后醋蝇指数增长，引起病害的流行。品种的混合种植，尤其是不同成熟期的品种混合种植，能增加酸腐病的发生。机械损伤（如冰雹、风、蜂、鸟等造成的伤口）或病害（如白粉病、裂果等）造成的伤口容易引来病菌和醋蝇，从而造成发病。雨水、喷灌和浇灌等造成空气湿度过大、叶片过密、果穗周围和果穗内的高湿度会加重酸腐病的发生和危害。

■ **危害症状**

酸腐病是果实成熟期病害。发病果园内可闻到醋酸味，果穗周围可见小蝇子（长4mm左右的醋蝇），烂果内外可见灰白色小蛆，果粒腐烂后流出汁液，汁液流到处即受感染，果

图 3-22　葡萄酸腐病症状
a. 酸腐病；b. 酸腐病症状；c. 葡萄酸腐病尿袋症状；d. '夏黑'酸腐病蝇蛆

袋下方一片湿润（俗称"尿袋"），腐烂后干枯，果粒只剩果皮和种子。葡萄酸腐病近几年在我国过已成为葡萄的重要病害。危害严重的果园，损失达30%～80%，甚至绝收。① 烂果，即发现有腐烂的果粒，如果是套袋葡萄，在果袋的下方有一片深色的湿润（习惯称为尿袋）；② 有类似于粉红色的小蝇子（醋蝇，长4mm左右）出现在烂果穗周围；③ 有醋酸味；④ 正在腐烂、流汁液的烂果，在果实内可以看到白色的小蛆；⑤ 果粒腐烂后，腐烂的汁液流出，会造成汁液流过的地方（果实、果梗、穗轴等）腐烂；⑥ 果粒腐烂后，果粒干枯，干枯的果粒只是果实的果皮和种子。

■ **防治方法**

（1）农业防治　同一园内避免不同熟期品种混栽；避免果粒出现伤口。做好葡萄园卫生；利用络氨铜、乙蒜素等防治真菌污染，利用杀虫剂防治果蝇。

（2）化学防治　以防病为主，病虫兼治。成熟期用5%水乳剂吡丙醚250～400倍诱杀；方法：用10%吡丙醚500～800倍液混配10%高效氯氰菊酯500倍液配置。把疏理下来的病果粒、裂果等放入杀虫液中浸泡5～10min（浸泡时间可以超出10min）捞出，把浸泡药液的烂果粒、病果粒、裂果粒，放入容器中，每个容器5～10粒。在容器中和处理后的果粒上喷洒果蝇诱集剂。将容器悬挂于发生酸腐病果穗的植株周围，沿着主蔓，3个/株。超过30d时，把容器内的病果粒倒出（用土掩埋），用杀虫液重新处理诱集器，之后加入重新浸泡的果粒，在诱集器内喷果蝇诱集剂，之后重新悬挂。发现该病发生，立即清除病组织，剪除带出田外深埋。也可悬挂蓝板诱杀醋蝇成虫。

---

2 葡萄根癌病

葡萄根癌病是发生最为普遍、危害最严重的细菌病害，作为重中之重防治对象。发生在葡萄的根、根颈和老蔓上。

■ **病原**

葡萄根癌病病原菌主要为葡萄土壤杆菌（*Agrobacterium vitis*），此病原菌有严格的寄主特异性，主要侵染葡萄，属土壤杆菌属，同属内的根癌土壤杆菌（*A. tumefaciens*）、发根土壤杆菌（*A. rhizogenes*）也能引起多种植物的根癌病，它们均具有致瘤性，侵染特点、病害症状相似，也曾经被认为同为根癌土壤杆菌，随着研究的深入被明显区分开来。主要栽植以贝达为砧木的'红地球'葡萄和自根砧'巨峰'葡萄，设施葡萄没有发现此病，露地葡萄根癌病普遍存在，但发病率较低（多数为0%～3%），也有一些'巨峰'自根苗葡萄园发病率高的可达8%，甚至有一片管理粗放的1000m²'巨峰'葡萄园发病率达到45%。

■ **发生规律**

根癌病由土壤杆菌属细菌所引起。一般5月下旬开始发病，6月下旬至8月为发病的高

图 3-23　葡萄根癌病

峰期。该种细菌可以侵染苹果、桃、樱桃等多种果树，病菌随植株病残体在土壤中越冬，条件适宜时，通过剪口、机械伤口、虫伤、雹伤以及冻伤等各种伤口侵入植株，雨水和灌溉水是该病的主要传播媒介，苗木带菌是该病远距离传播的主要方式。细菌侵入后，刺激周围细胞加速分裂，形成肿瘤。病菌的潜育期从几周至 1 年以上，一般 5 月下旬开始发病，6 月下旬至 8 月为发病的高峰期，9 月以后很少形成新瘤，温度适宜，降雨多，湿度大，癌瘤的发生量也大；土质黏重，地下水位高，排水不良及碱性土壤，发病重。起苗定植时伤根、田间作业伤根以及冻害等都能助长病菌侵入，尤其冻害往往是葡萄感染根癌病的重要诱因。发病部分形成愈伤组织状的癌瘤，初发时稍带绿色和乳白色，质地柔软。随着瘤体的长大，逐渐变为深褐色，质地变硬，表面粗糙。瘤的大小不一，有的数十个瘤簇生成大瘤。老熟病瘤表面龟裂，在阴雨潮湿天气易腐烂脱落，并有腥臭味。受害植株由于皮层及输导组织被破坏，树势衰弱、植株生长不良，叶片小而黄，果穗小而散，果粒不整齐，成熟也不一致。病株抽枝少，长势弱，严重时植株干枯死亡。品种间抗病性有所差异，'玫瑰香''巨峰''红地球'等高度感病，而'龙眼''康太'等品种抗病性较强。'红地球''美人指'等品种发病较重。砧木品种间抗根癌病能力差异很大，'SO4''河岸 2 号''河岸 3 号'等是优良的抗性砧木。'红地球''美人指'等品种发病较重。

■ **危害症状**

主要危害根颈、主根和侧根，2 年生以上的主蔓近地面处亦常受害。苗木则多发生在接穗和砧木愈合的地方。肿瘤从根的皮孔处突起。有时能在 2 年生以上的茎蔓形成肿瘤，高的离地面可达 1m，这往往与茎蔓受霜冻或者机械损伤有着密切的关系，如在我地区栽种的葡萄，冬季要下架盖土越冬，这样病菌很容易从伤口侵入，导致茎蔓上形成肿瘤。瘤的大小变化很大，直径 0.5 ～ 1cm，球形，椭圆形或不规则形；幼嫩瘤淡褐色，表面旋卷，粗糙不平；如继续发展，瘤的外层细胞死亡，颜色逐年加深，内部组织木质化，成为坚硬的瘤。患病的苗木，早期地上部的症状不明显。病情不断发展，根系发育受阻，细根少，树体衰弱，病株矮小，茎蔓短，叶色黄化，提早落叶，严重时可造成全株干枯死亡。

■ 防治方法

（1）繁育无病苗木　是预防根癌病发生的主要途径。一定要选择未发生过根癌病的地块做育苗苗圃，杜绝在患病园中采取插条或接穗。在苗圃或初定植园中，发现病苗应立即拔除并挖净残根集中烧毁，同时用 1% 硫酸铜溶液消毒土壤。嫩枝嫁接时绑扎物忌过紧。

（2）苗木消毒处理　在苗木或砧木起苗后或定植前将嫁接口以下部分用 1% 硫酸铜浸泡 5 分，再放于 2% 石灰水中浸 1min，或用 3% 次氯酸钠溶液浸 3min，以杀死附着在根部的病菌。

（3）加强田间管理　田间灌溉时合理安排病区和无病区的排灌水的流向，以防病菌传播。

（4）加强栽培管理　多施有机肥料，适当施用酸性肥料，改良碱性土壤，使之不利于病菌生长。农事操作时防止伤根。田间灌溉时合理安排病区和无病区的排灌水的流向，以防病菌传播。

（5）生物防治　内蒙古园艺研究所由放射土壤杆菌 MI15 生防菌株生产出农杆菌素和中国农业大学研制的 E76 生防菌素，能有效地保护葡萄伤口不受致病菌的侵染。其使用方法是将葡萄插条或幼苗浸入 MI15 农杆菌素或 E76 放线菌稀释液中 30 份或喷雾即可。

（6）化学防治　在田间发现病株时，可先将癌瘤切除，然后抹石硫合剂渣液、福美双等药液，也可用 50 倍菌毒清或 100 倍硫酸铜消毒后再涂波尔多液，对此病均有较好的防治效果。络氨铜，叶枯唑，医用硫酸链霉素等也可用于防治根癌病。

3　葡萄黄金病

葡萄黄金病主要症状表现为新梢没有产量，通常谢花后花称立即枯死，有时果粒皱缩，味极苦。经常旧病复发，植株完全萎蔫，发病树减产20%～30%，严重时整个葡萄庄园被毁，危害在法国等欧洲国家及美国。

■ 病原

病原为类菌原体 *Mycoplasma like* Organisms (MLO) 菌体形状不规则，存在病株的韧皮部，因含盘较少，电镜下不易观察到。类菌原体只能在寄主植物和介体叶蝉体内增殖，至今还不能在人工培养基上生长。四环素类抗生素对病原有一定的抑制作用。菌体对温度敏感，葡萄病枝在 30℃温水中浸泡 72h 能降低侵染力80% 左右。体外存活期 44h。检测方法有：① 根据田间症状：春季发芽迟，靠根部抽新枝，夏季至秋季叶片金黄色，平行生长，枝条韧皮部坏死等。根据上述症状可作初步判断。② 指示植物检测：将可疑病枝嫁接于巴柯 22A，数月后观察是否表现典型症状。③ 电镜检查传病叶蝉抽提液或葡萄枝韧皮部的超薄切片：如见到菌体，而健康对图没有类似结构，结合田间症状，即可确定是否有病。④ 抗生素治疗试验：根据四环素对病原有抑制作用，青霉素无作用，可分别用两者注射病树。

■ 发生规律

病原带病苗木是远距离传病的主要途径，由病树上采集的无症带病枝条扦插成活后有可能发病，使用当年发病重的病枝扦插，不易成活或成活率很低，因而，有症病枝并不是主要的传病载体。田间扩散蔓延靠叶蝉（*Scaphoideus littoralis*）和嫁接传病。只要田间有病株存在，有传毒叶蝉存在，病害就会迅速扩散。如虫口密度大，加上敏感品种，就有可能造成病害流行。病原可在介体叶蝉的唾液腺内增殖，成虫终身带毒，持久性传病。若虫也可传病，但效率不及成虫。介体叶蝉可以卵隐藏在葡萄枝条缝隙中越冬。随苗木运输扩散。

■ 危害症状

危害状主要表现在枝干、叶片、花和果实上。

（1）枝干　新梢生长减少，节间短，叶边缘向下卷，新梢下垂，这是由于木质部成长不规则和缺乏韧皮纤维的缘故。秋天，沿叶脉褪绿并坏死。节间出现黑色泡状突起，有时树皮纵裂。产量大减。

（2）叶片　通常在春天生长初期出现症状。叶片变硬、下垂，相互重登呈鳞片状，向阳面硬脆的叶面上出现金黄色斑块，此后沿叶脉出现黄色斑点。当生长季节提前时，症状加重，卷叶更明显，叶肉褪色，白色葡萄品种变黄，红色葡萄品种变红。

（3）花序　初出现症状时花序枯死。

（4）果实　如果形成果，果粒也萎蔫和干枯，或轻微振动即脱落。

（5）全株　一些发病植株枯死，也有的在侵染后第 2 年才死，某些存活的植株自然恢复，也不表现症状。

■ 防治方法

（1）植物检疫　避免从疫区引进发病品种和病苗。从非疫区引种，应附检疫证书，证明不带此病。品种引进后应在核定的隔离地块或防虫网室或温室试种 2 年。以防病原和传病叶蝉的卵随苗木传到新区扩散危害。

（2）农业防治　选用抗病品种。到目前为止还未发现 1 个品种对该病具免疫能力，但品种间抗病性有很大差异。选用较为抗病的品种如'赛米浓''品丽珠''苏味浓'和'Colombard'等，避免用发病品种'雷斯林''黑比诺'和'巴柯 22A'。早春拔除发芽迟和遭受冻害的可疑病株，夏季拔除可疑症状的植株，以防病原扩散英延。

（3）物理防治　栽前将插条在 50℃热水中浸泡 20min，可杀死隐藏的叶蝉卵和降低病原的活力。

（4）化学防治　药剂治虫防病。在已发现病株的园内，如存在介体叶蝉，应于叶蝉卵期和若虫前期及早喷药，早期喷药 2 ～ 3 次，可大大降低虫口密度，控制病害扩展。发病后用四环素类抗生素注射，每株用 150ml，内含 0.045 ～ 0.050g 有效成分，有一定疗效，但不能根除此病，停药后又会复发，且费用较高，不宜大面积使用。

4 葡萄皮尔斯病

葡萄皮尔斯病在我国还没有发现。皮尔斯病又被称为热斑病，1884年美国首次发现葡萄皮尔斯病，在加利福尼亚州曾有4次大流行，先后毁灭了数十万亩葡萄园，其中洛杉矶就有5～7年生的葡萄几乎全部死亡，对几个州的葡萄酒行业造成严重危害。该病普遍发生于美洲冬季暖和的地区，包括美国加利福尼亚州到佛罗里达州的广大地区，曾经毁灭过多葡萄园。目前除美国、墨西哥和中南美洲的一些国家外，在欧洲（如法国等）一些国家也有报导。

■ 病原

1978 年 M. J. Davis 等第一次在培养基上分离培养成功后，证实皮尔斯病病原是一种难以培养的细菌 *Xylella fastidiosa* Wells *et al.*。菌体短杆状，单生，细胞膜外有明显的波纹状细胞壁，对青霉素表现敏感。大小为 1 ～ 4μm×0.25 ～ 5μm，革兰氏阴性，不游动，无鞭毛，过氧化氢酶阳性，严格好氧，非发酵，非嗜盐，无色素沉积。在特殊培养基如 BCYE、JD-3 等上可以生长，菌落有两种形态：一种为凸起到梢凸起，光滑，乳白色，边缘粗糙或全缘；另一种为纽扣状，边缘具细波状纹。适温 26 ～ 28℃，适宜酸碱度 pH 值 6.5 ～ 6.9。

■ 发病规律

皮尔斯病病原体主要在葡萄和其他寄主内越冬。叶蝉、粉虱等刺吸式口器害虫传播病害。该病菌的寄主范围非常广泛，有 28 种以上，除了危害葡萄属植物外，还能侵染豆科、禾本科、蔷薇科等一年生和多年生的木本植物和野生杂草等。该病可由葡萄的繁殖材料传播，也可由吸食木质部养分的害虫所传，主要是各种叶蝉和沫蝉。这些昆虫通过吸食病株木质部和其他寄主上的汁液，在病、健树之间相互传染。但在韧皮部吸食的一些叶蝉偶然刺入木质部组织不能传播细菌，有研究表明，当病株内病原体浓度高时，菌体积聚，时葡萄树产生侵填体和树胶，堵塞树干维管束组织，限制了水分的疏导或因病菌产生毒素而引起此类症状的出现。在美国西部，病菌是从葡萄园外围植被传入的，葡萄植株之间不传播。相反，在美国东部，得病葡萄使侵染源。

昆虫介体是流行的最主要因素。昆虫介体吸食带病植株后，经过 2h 左右的循回期，就能够传病；若虫和成虫具有同等的传病能力。介体在野生寄主越冬，翌年传到葡萄上，成为重要的侵染源。

■ 危害症状

病株在早春发芽晚，新梢生长缓慢，矮化、不结实或结实少，枝条最初出现的 8 片叶，叶脉绿色，沿叶脉皱缩，稍变畸形，以后再长出的叶片不再显示症状，只是在生长的中后期

图 3-24 葡萄皮尔斯病叶片症状

（晚夏）才出现局部灼烧的症状。灼烧一般沿叶脉发生，后逐渐变黄褐，灼烧区大小不定，呈带状从边缘向叶柄扩展。秋天病叶提早脱落，枝条上只留下叶柄。在叶片显症之后，枝条上的果实便停止生长，并凋萎、干枯，或提前着色，但不是真正的成熟。枝条成熟不一致，颜色斑驳，未成熟的易受冻枯死。根部早期生长正常，严重时枯死，直至根茎部干枯死亡，也可以存活几年，一般幼树得病后，重者会造成当年死亡。

■ **防治方法**

（1）植物检疫　防治皮尔斯病传播，最关键是要禁止从疫区引进苗木。苗木要经过温水消毒，在45℃热水浸泡3h，50℃热水20min可消灭皮尔斯病的病原菌。

（2）农业防治　品种之间具有显著的抗性差异。常发重病园，应注意选栽抗病品种，此方法已经成为美国和美洲热带区防治皮尔斯病的有效手段。消灭叶蝉、粉虱等传毒媒介和寄主植物侵染源。

（3）防治媒介昆虫　消灭传毒媒介叶蝉、沫蝉和寄主植物侵染源，用25%噻虫嗪·高氯悬浮剂3000倍液，或2.5%高效氯氟氰菊酯乳油2500倍液，或48%毒死蜱乳油2000倍液杀灭蝉类害虫。

（4）选用抗病品种　品种之间具有显著的抗性差异。常发重病园，应注意选栽抗病品种，此方法已经成为美国和美洲热带区防治皮尔斯病的有效手段。

（5）化学防治　施用四环素、青霉素（40万单位）5000倍液及其他抗菌素，或啶虫脒或吡虫啉＋展着渗透剂＋氨基寡糖素＋医用硫酸链霉素或中生菌素或叶枯唑，对减轻病害的危害都具有一定的作用。

第二节

葡萄生理性病害

一、生理性病害

（一）生理性病害特点和防治措施

气候因素（温度过高或过低雨水失调、光照过强过或不足等）、营养元素失调（氮、磷、钾及各种微量元素的过多或过少）、有害物质因素（土壤含盐量过高、pH 值过大过小）、使用农药（除草剂植物生长调节剂等）不当引起的药害，工业废气、废水废渣的污染等非生物因素的不适宜的环境条件引起对植物的伤害，这类病害没有病原物的侵染，不能在植物个体间互相传染，所以也称非传染性病害（薛元海，2002）。

（1）生理性病害具有"三性一无"特点　突发性，病害在发生发展上，发病时间多数较为一致，往往有突然发生的现象；病斑的形状、大小、色泽较为固定。普遍性：通常是成片、成块普遍发生，常与温度、湿度、光照、土质、水、肥、废气、废液等特殊条件有关，因此，无发病中心，相邻植株的病情差异不大，甚至附近某些不同的作物或杂草也会表现类似的症状。散发性：多数是整个植株呈现病状，且在不同植株上的分布比较有规律，若采取相应的措施改变环境条件，植株一般可以恢复健康。无病征，生理性病害只有病状，没有病征（龙坤云，http://www.ynagri.gov.cn）。

（2）防治措施　加强土、肥、水的管理，平衡施肥，增施有机肥料，及时除草，勤松土；合理控制单株果实负载量，增加叶果比；主梢叶片是一次果所需养分的主要来源，尤其是在留二次果的情况下，二次果常与一次果争夺养分，由于养分不足常常导致水罐子病发生，因此，在易发病植株主梢上多留叶片。一般主梢应尽量多保留叶片，并适当多留副梢叶片，这对保证果穗生长的营养供给有决定性作用。另外，一个果枝上留两个果穗时，其下部果穗转色病比率较高，在这种情况下，采用适当疏穗，一枝留一穗的办法可减少病害的发生；对易发生日灼病的品种，夏季修剪时，在果穗附近多留叶片以遮盖果穗，注意果袋的透气性，对透气性不良的果袋可剪去袋下方的一角，促进通气；对在生产上需疏除老叶的品种，要注意尽量保留遮蔽果穗的叶片。另外，在气候干旱、日照强烈的地方，应改"V"形叶幕为飞鸟形叶幕，预防日灼发生；氮磷钾钙镁等元素均衡供应，尤其在高温来前 2～3d 补钙增强抵抗高温能力。

（二）常见生理性病害

---

1 葡萄裂果

在葡萄栽培过程中，由于品种皮薄本身易裂果、缺钙、土壤中水分变化过大、植物生长调节剂如保果膨大不当等多种因素的造成裂果；还有害虫引起裂果，无核化或保果过早疏果不到位使穗内果粒间排列太紧挤压而裂果。果粒开裂，裂口处易感染灰霉或酸腐病，从而失去经济价值。

■ 发生原因及规律

主要是因为在果实生长后期土壤水分变化过大，果实膨压骤增所致。如葡萄果实膨大期前期比较干旱，果实近成熟期遇到大雨或大水漫灌，根从土壤中吸收水分，通过果刷输送到果粒，其靠近果刷的细胞生理活动和分裂加快，而靠近果皮的细胞活动比较缓慢，果实膨压增大，至使果粒纵向裂开。

研究表明温度、浆果果皮的结构、细胞膨压、果实大小以及含糖量等都会影响葡萄的抗裂能力。高温会提高果实的温度，大大增加了果肉对表皮施加的压力，同时降低了表皮的硬度和强度，增加了开裂的发生率；易裂品种50%开裂时细胞膨压15个气压，而耐裂品种需要40个大气压，在一定的环境条件下，成熟果实可以包含足够的含糖量来吸收足够的水分来使表皮破裂。因此，不同品种裂果发生概率不同，鲜食葡萄品种中，'Flame Seedless'（'火焰无核'）被认为是非常敏感的果实开裂品种。如果果实负载太多和枝条没有进行合适的修剪'Exotic'（'黑大粒'）会开裂。'Ribier'也是敏感的，特别是花期末端开裂。认为对开裂中度敏感的栽培品种包括'Thompson Seedless'（'汤普森无核'），'Ruby Seedless'（'红宝石无核'）和'Cardinal'。

不同的葡萄品种，果肉质地的软硬程度，果皮和果肉细胞壁的厚度不同；细胞的大小、排列、分布方式及原果胶和纤维素的含量不同；其抗挤压、抗裂果的能力差异也较大。如'克瑞森''红地球'等品种，果肉脆硬、果肉细胞较大、分布均匀、排列紧密、果皮韧性好且与果肉结合紧密，因而抗挤压、不易裂果；而'乍娜''香妃''贵妃玫瑰''红宝石'等品种，果肉较软、果肉细胞大小不均匀且排列松散、与果皮结合不紧密，易产生裂果。

（1）水分调控不当 特别是果实生长后期，果实膨大期天气干旱，而到了成熟期雨水过多或灌溉措施不当（如大水漫灌），土壤水分急剧变化，根系从土壤中吸收大量水分，输送到果实内，靠近果刷的细胞生理活动和分裂加快，而果皮的细胞活动较缓慢，使果实膨压骤增，造成果实开裂。

（2）施肥不合理 因生产者追求果穗果粒大而甜过量施用氮、钾肥，影响了钙的吸收，造成裂果。

（3）整穗疏果不到位　修穗不当，穗大粒多，果粒极易挤压，主要表现在一些大穗形品种上，如'红宝石''新郁'、保果的'鄞红'或'巨峰''维多利亚'等。若不及时、合理也疏除部分小穗或果粒，使果粒间或小穗间留有足够的膨大空间，也易造成裂果。

（4）病虫害导致　因白粉病、黑痘病、霜霉病等及红蜘蛛、蓟马、绿盲蝽等虫害成功预防而发病，用药后控制住了但留疤痕，疤痕生长没能有正常的快速生长而造成病健处开裂；

（5）幼果期用药不当　期选用药剂有刺激性，会使果面受伤，后期易在伤处开裂。

（6）生长调节剂使用不当　一是在花期过多使用多效唑、PBO等保果药或者氟硅唑等三唑类药剂浓度过大，造成花穗拉长受抑制，从而后期果穗太紧，造成裂果。随意增加保果或膨大剂浓度或者使用次数，引起果粒增大异常、果皮过分变薄，疏果不到位后期挤压或者采收期间强降雨水分过多时导致裂果。

■ 危害症状

因品种原因裂果的一般在果梗处环裂如'爱神玫瑰''奥古斯特''维多利亚'；因发病或虫害治愈后发生裂果的位置不一，病健交界处或病部，如白粉病、黑痘病。由于土壤水分失调引起，即前期土壤过于干旱，果皮组织伸缩性较小，后期如遇连续降雨，或土壤浇水过多，果粒水分骤然增多，果实膨压增大使果粒纵裂。

图 3-25　葡萄裂果症状

a. 雨水不匀造成裂果；b. 感染白粉病后裂果

■ **防治方法**

（1）品种　选择不易裂果的品种栽培如特早熟的'天工墨玉''瑞都香玉'，中熟的'玉手指''宝光'，晚熟的'阳光玫瑰'等。对果粒过于紧密的品种通过拉花调节果实着生密度，及时疏花疏果。

（2）均衡供水　设施栽培的果实转熟期沟内铺膜隔离天落水，防止水分因阵雨或台风带来强降雨而土壤内水分变化过大造成裂果。露地葡萄地膜覆盖＋稳定沟水位＋葡萄套袋。

增施有机肥料，均衡氮磷钾钙镁等元素的供应，避免因缺钙而裂果。

（3）水分控制　用植物生长调节剂。保果或膨大的巨峰系品种转色开始控制水分防裂果。用植物生长调节剂保果或膨大巨峰系品种运输、销售中避免喷水防裂果。

2　葡萄落花落果

葡萄的落花落果是指由于树体内部原因引起的生理性落花落果，不包括由于病虫害和大风引起的落花落果。与其他果树一样，是机体内部一种生理失调现象。如果较轻，不影响产量，属于正常性落花落果。如果较重，着果率很低，引起较大减产，可谓不正常落花落果。葡萄谢花后即出现生理性落花落果现象，开花后1周内为落花的高峰期，以后有零星落花并逐渐趋于平稳。葡萄落花落果原因有内部原因，也有外部原因。内部原因主要有树体内养分失调、花器发育不全、营养生长过旺、缺硼、胚珠发育不完全、扬花发育不完全、授粉和受精过程不完全等。外部原因有低温、降雨、日照不足、高温干旱、氮肥过多发生徒长、药剂损害柱头不能受精、病菌感染等。

■ **发生原因及规律**

葡萄开花前后因受不良环境气候条件的影响，使花蕾不能正常受精而引起大量的落花和落果。例如：花期干旱温度高于32℃或低于15℃，开花时既无昆虫又无风，授粉不良；花期土壤水分含量高，营养生长旺盛而开花前没对结果枝摘心或打梢头；植株缺硼、锌等，影响了花粉的萌发和花粉管的生长，引起受精不良；留枝量过多光照条件差等，都可诱发葡萄落花落果严重现象发生。

（1）品种特性　如有的品种在遗传上有胚珠发育不完全的特性，胚珠异常率高达48%，且其花丝向背面反卷，不利于授粉。有的品种是雌花结构有缺陷，有的是雄蕊退化，雌能花品种授粉树配置不合理，都会造成落花落果。巨峰系四倍体品种落果严重，欧亚种落果轻微。

（2）树体贮存营养不足　葡萄的生长前期树体贮存营养不足，使得不完全花期增多，胚株发育不良，花粉发芽率低，造成落果。由于葡萄的花量大，对水分和养分的消耗量也非常大，在葡萄花期缺少微量元素尤其是钾、磷、硼等元素时，花的受精能力会下降，导致落花落果。

（3）栽培管理技术措施不当　施肥方案不合理，花前氮肥用量过多，花期过量灌水，整形修剪、新梢引缚、摘心、整穗等技术措施实施不当，花期营养生长和生殖生长矛盾加剧，导致落花落果。花期喷药会烧伤柱头，影响受精，导致落果。

（4）气象因素　花期气温。葡萄花期最适温度为 20～25℃，若开花前气温低于 10℃，影响花芽的正常分化；花期气温低于 14℃，花器发育不良而脱落；花期气温超过 35℃，易造成花器萎蔫坏死。花期降雨。花期逢连阴雨天气使花冠脱落困难，花药不能正常散粉。日图不足。开花前持续寡图使新梢同化作用降低，花期果穗养分供应紧张。

（5）生理落果　当葡萄的果粒长到 3～4mm 大时，一部分果粒会因营养不良停止发育而脱落，称为葡萄的生理落果。

■ **防治方法**

① 对落花落果严重的品种如玫瑰香、'巨峰''早甜''鄞红''信浓乐'等可在花前 3～5d 摘心或扭梢以控制营养生长，促进生殖生长。易单性结实或三倍体无核或花期遇高温低温的品种进行无核化处理保果与膨大如'天工墨玉''夏黑''醉金香''先锋''状元红''香悦''阳光玫瑰'等。② 对生长势过旺的品种要稀植，缓和树势，如'巨峰''早甜''鄞红'等株距放至 10m 左右。合理留梢量，大叶型如'夏黑果''阳光玫瑰'每亩 2500 条左右，中叶型如'巨峰''早甜'每亩约 2800 条左右，小叶型如'玉手指'每亩约 3200 条。叶幕通风透光好，花序能见到光有利于坐果。③ 促早栽培的花期棚内温度大于 20℃，小于 30℃。④ '巨峰''鄞红''早甜''信浓乐'等长势偏旺的品种初花期喷 500～800mg/L 助壮素或矮壮素等植物生长调节剂，可抑制营养生长，促进坐果。⑤ 花前控制氮肥施用。开花前后叶面补充硼锌肥，提高授粉受精率。⑥ 花期做好灰霉病、穗轴褐枯病、霜霉病、金龟子等病虫害防治。

图 3-26　葡萄落花落果症状

a. 葡萄落果；b. 葡萄落花；c. 葡萄落花

3 葡萄果锈

果锈主要是发生在果实表面，是一种生理性病害，其主要表现为在果实果面浮生一层黄褐或赤褐色木栓组织。葡萄果锈病经常发生在果皮表面上，属于非病菌类病害，主要是由茶黄螨造成，形成条状或者不规则锈斑，促使果皮形成木核化组织，表皮细胞木栓化，造成锈果，严重时果粒开裂，种子外露（冯娇，2017）。

■ 发生原因及规律

果锈的发生是包括内因和外因的多种因素综合作用的结果。内在因素主要指有利于果锈形成的果皮组织结构特征；外在因素则主要指不良环境气候条件以及人为因素的影响。多数发生在第 2 膨大期至果实成熟期后一个月内，少数发生在幼果期。果锈产生还与品种自身遗传因素有关，国家葡萄产业技术体系杭州站核心区试园 100 多个品种区试结果表明：果皮绿黄色较易发生如'无核白鸡心''京玉''奥古斯特''维多利亚''郑州早玉''贵妃玫瑰''白萝莎里奥''京蜜''黎明无核''茉莉莎无核''甲斐乙女''濑户''秋无核''翠峰''金田翡翠''天山''早生内马司''白萝莎里奥''阳光玫瑰'等。其他原因主要有① 穗内开花时间不一，成熟不一致先熟的果粒易产生果锈。② 成熟期园内湿度高，水分直接刺激果皮，经过角质层裂缝进入果皮后，果皮至下皮细胞易因涨压增加而破裂形成锈斑。③ 低温，幼果期如遇低温，空气阴冷，寒流霜冻，湿度过大等条件，或保果膨大处理时赤霉酸过浓，则易导致幼果受损，表现出果锈的发生，受害严重的果实出现褐色锈斑和霜环。④ 病虫危害，蓟马危害后出现褐色锈斑，二次果易发生，茶黄螨落花后转移到幼果上刺吸危害，使果皮产生木栓化愈伤组织，变色形成果锈。霜霉、白粉病危害后出现浅褐色斑。⑤ 农药与植物生长调节剂的不合理混用，尤其是与杀虫乳油制剂混用出现药害形成斑块或蜕皮。⑥ 农药用药不当或天气造成药斑果锈。⑦ 恶劣气候伤害易产生伤斑：如风刮擦伤、冰雹砸伤，太阳晒伤、热气灼伤等。

■ 危害症状

葡萄果锈主要发生在果实表面，有黄色至黄褐斑点、斑块、也有条状或环状。果实外观难看，影响价格和销售。

■ 防治方法

（1）优选品种、砧木　选择不易发生果锈的品种和砧木种植：'天工玉柱''瑞都香玉''玉手指'等，在浙江海宁试验结果表明：'阳光玫瑰'适宜性较好的砧木品种有 3309C、SO4、Gloire 等。

（2）适时采收　一般来说收获期越靠后，果锈发生量越多，当田间已有果锈发生时，及时采收可在一定程度上控住果锈。

（3）科学用药　幼果期禁止使用易使果面形成果锈的有机硫或乳剂型杀虫剂、波尔多

图 3-27　葡萄果锈症状
a. 磐安'红富士'砧'阳光玫瑰'果锈；b.'阳光玫瑰'拆袋时间长产生果锈；c.'阳光玫瑰'不套袋易生果锈

液、石硫合剂、含锌或铜制剂等农药；正确使用农药浓度，一般从农药使用下限浓度开始，以后逐渐增加；喷头距果穗远，避免造成机械伤害。

（4）果实套袋　掌握品种的最适宜套袋时间、方法，选择通透性好的纸袋。如'阳光玫瑰'可采用绿色或青色果袋，对果皮黄化及果锈有较好的抑制效果。另外，在相对图度较低的部位使用有色袋时，因糖度上升有迟缓倾向，可等葡萄风味积累充分后再进行采收。

（5）合理施肥　增加有机肥和磷、钾肥用量，减少氮肥用量，使果皮发育正常。增施钙肥，提升果皮厚度，促进果实膨大，减少果锈的发生。

4 日灼病

葡萄日灼病是一种非侵染性生理病害。幼果膨大期强光照射和温度剧变是其发生的主要原因。果穗在缺少荫蔽的情况下，受棚内高温热气层与阳光的强辐射作用，幼嫩的表皮组织水分失衡发生灼伤。

■ 发病原因及规律

大多数品种坐果后果实第一次膨大开始至硬核期均可发生，少数品种如'美人指''金手指''Banana'等硬核期后也会发生。由渗透压高的叶片向渗透压低的果穗争夺水分造成灼伤。'红地球'葡萄果实日灼病致病环境是幼果膨大期气温超过 30℃、空气湿度低于 30%、土壤含水量低于 40% 田间最大持水量。发病程度与气候条件、架式、树势强弱、果穗着生方位及结果量、果实套袋早晚及果袋质量、果园田间管理情况等因素密切相关。连续阴雨天突然转晴后，受日光直射，果实易发生日灼；植株结果过多，树势衰弱，叶幕层发育不良，会加重日灼发生；果树外围果穗、果实向阳面日灼发生重；套袋过晚或高温天气套袋，会使日灼加重；夏季新梢摘心过早，副梢处理不当，枝叶修剪过度，果帝不能得到适当遮阴，易发生日灼病。

果实直接受到阳光直射，且高温。树势弱、负载量过高、叶片质量差等会加重日灼病的发生。发病程度与气候条件、架式、树势强弱、果穗着生方位及结果量、果实套袋早晚及果袋质量、果园田间管理情况等因素密切相关。连续阴雨天突然转晴后，受日光直射，果实易发生日灼；植株结果过多，树势衰弱，叶幕层发育不良，会加重日灼发生；果树外围果穗、果实向阳面日灼发生重；套袋过晚或高温天气套袋，会使日灼加重；夏季新梢摘心过早，副梢处理不当，枝叶修剪过度，果帝不能得到适当遮阴，易发生日灼病。

欧亚种中的红地球，欧美杂种中的'红富士'等品种比较敏感。

日本学者中川提出日灼病是由于高温促使果实的异常呼吸，致细胞内乙醛的蓄积，从而直接或间接地致使细胞的褐变坏死。即不只是在直射光线条件下发生日灼，高温是引起日灼病的根本原因。

■ 危害症状

主要表现在幼果上。最初表现为果实受害部位颜色泛黄，继而形成火烧状的褐色椭圆形或不规则的斑点，边缘不明显，果实表面先皱缩后逐渐凹陷，严重的果穗变为干果，而未受害部分颜色表现正常。果实的被害部位都是阳光直接照射到的果面，一般穗肩至穗中部。棚内热气层内卷须、新梢尚未木质化的顶端幼嫩部位受害，致使梢尖或嫩叶萎蔫变褐干枯；叶片发生日灼时，出现烧焦呈红褐色斑块，影响光合作用，从而影响果实品质，还影响花芽分化导致翌年减产。

■ 防治方法

（1）合理施肥灌水　增施有机肥，合理搭配氮、磷、钾和微量元素肥料。生长季节结

图 3-28　葡萄日灼症状

a. 叶日灼；b. 果实日灼；c. '新雅'一级副梢日灼

合喷药补施钾、钙肥。葡萄浆果期遇到高温干旱天气及时灌水，降低园内温度，减轻日灼病发生。雨后或灌水后及时中耕松土，保持土壤良好的透气性，保证根系正常生长发育。

（2）注意遮光　① 选用改篱壁、"V"形叶幕为飞鸟形或水平叶幕。因叶幕遮挡，对防日灼病有良好的效果。② 利用叶幕遮光，'美人指''红地球''新郁''新雅'等欧亚种花序上留 2 个副梢 2～3 叶绝后摘心，花序下留 1 叶绝后摘心，利用主梢或副梢叶片能挡光，梢间距18cm；'玉手指'小叶品种梢间距为 15cm，花上留一副梢，其余副梢抹除；'醉金香'大叶的为 25cm 左右了，副梢不留；'红富士''鄞红'中叶的为 18～20cm，顶副梢留 2 根，其余副梢抹除。③ 果穗套袋或"打伞"。套袋果穗部位多留枝叶选择透气性强的果袋推迟套袋时间，套袋时防高温，避免雨后套袋；露地栽培果实进入日灼期套白色纸袋能防止日灼。遇持续高温天气，打开果袋底口，或对套袋果穗进行"打伞"。用纸袋或纸遮果，使果穗不直接受光，进入硬核期及时拿掉袋或纸。棚西侧围膜可用遮阳网避免日灼，硬核期及时揭去遮阳网。④ 安装遮阳网。

5 葡萄气灼病（缩果病）

葡萄气灼病和日烧病都为生理性病害，是与特殊气候条件直接或间接关系的生理性病害。在葡萄生产中，多数种植户把日灼病和气灼病混为一谈，给生产造成损失，其实，正确识别和有效防治葡萄日灼与气灼是十分必要的。从硬核期开始发生，发病程度依品种不同而不同，'郫红''红富士''红地球''新郁''新雅''阳光玫瑰''甜蜜蓝宝石'等品种易发病，'巨峰'等品种发病较轻，'天工墨玉'基本无此病。

■ **发生原因及规律**

日灼病是由于太阳的紫外线、强光造成的灼伤，主要原因是由于长时间的日晒使果皮表面温度过高，表皮组织细胞膜透性增加，水分过度蒸腾，导致表皮坏死出现日灼症状。气灼病是由于"生理性水分失调"造成生理性病害。一般在花后1月至转色前均可发生，主要在幼果第一膨大期，发病部位与阳光直射无关，穗上中下均会发生。从季节看，该病多发生在梅雨季节及以后，连续阴雨天气一周后突然连续晴天高温，即进入俗称为伏旱天气时最容

图 3-29 葡萄气灼病症状
a. '郫红'气灼病；b. '红地球'气灼病

易发生。高发期与梅雨季节长短及天气变化关系密切。当土壤持续过湿时，根系腐烂、活力降低，叶片气孔的开闭机能钝化，这时遇气温急剧升高，叶片蒸发的水分多于从根中吸收的水分，便出现叶片从果实中争夺水分的现象，高倍显微镜检测，没有病原物，对病果进行了病原分离，没有分离出病原物。属生理障碍。

（1）品种、砧木与发病　不管是欧亚种还是欧美杂交种葡萄，均可发生缩果病，尤以欧亚种品种中的红地球、新雅等发病较重，金田美指发病率也很高。'鄞红''红富士''醉金香''阳光玫瑰''藤稔'等发病较重。耐涝砧木嫁接的发病少。

（2）生态环境与发病　土壤过湿和干湿度急剧变化是该病的重要诱发因子。通过人工控制土壤水分的试验表明，硬核期前土壤高湿的发病最重，全期均湿润的略低于前者，全期干燥或硬核期前干燥处理则发病很轻。调查发现，露地栽培葡萄，前期雨水多，土壤湿度大，植株枝叶柔嫩繁茂，雨止后遇高温天，水分大量蒸腾，造成缩果病暴发。在地势低洼地带栽培葡萄，地下水位较高，加之雨水多，土壤水分高，雨止天晴后，极易发生缩果病。硬核后期长期阴雨后突遇高温天气，缩果病发生重。"凉夏"时发生较轻，由此认为，硬核中后期高温是诱发葡萄缩果病的关键因素。空气干燥程度与发病也有关系。高温往往使空气相对湿度下降，加速了缩果病的发生。在梅雨季节的高温天，由于空气湿度较大，果粒好似浸泡在热的水汽中，向阳面受到光线灼伤，产生日射症状。

（3）栽培管理与发病　凡是葡萄园管理中围沟、腰沟、毛沟不配套，排水不畅，长期积水，土壤过湿，土壤施氮肥过多的葡萄园，缩果病发生就较重，这种园里的葡萄树往往叶面积过大叶组织柔软，叶片气孔关闭机能迟钝，在高温干燥季节会使水分大量散失。地下水位过高又使根系在浅表的表土层中分布，夏季高温时常同时发生伏旱，造成表土层部分根系死亡，影响了水分的吸收。在果园管理上应采取控水控氮、排水促根等措施，使植株生长健壮。梅雨期后采用土壤表面覆草可保持土壤水分均衡，是控制葡萄缩果病的有效措施。

■ 危害症状

最初在果肉生产芝麻粒大的表现为凹陷、暗红或暗灰色斑块或浅褐色斑点，横切病斑，坏死果肉呈海绵状。揭开病部果皮，其局部果肉如压伤病状，果实成熟后，病块果肉硬度如初。病斑颜色逐渐变深并形成干疤，严重时整粒失水干枯形成"干果"（缩果病）。气灼病一般发生在幼果期，花后1月至转色期均可发生。持续阴雨低温天气忽然放晴，气温骤然升高，葡萄果粒有水珠的部分，易在底部发生气灼病，表现为凹陷、失绿或浅褐色小斑点，横切病斑，坏死果肉呈海绵状。病斑颜色逐渐变深并形成干疤，严重时整粒失水干枯形成"干果"（缩果病），也有因腐生菌侵染果粒而腐烂。高倍显微镜检测，没有病原物，对病果进行了病原分离，没有分离出病原物。气灼病是生理性病害，没有传染性。

气灼病和日灼病的区别：日灼病是由于太阳的紫外线、强光线造成的灼伤。颜色比较深，类似于"火烧"状，果穗暴露于叶片外，朝阳果面易灼伤；气灼病是水分生理病害，病斑颜色比较浅，类似于"开水烫"状，病果在架面及果穗中的分布及病斑在果粒上的分布均呈现随机性。

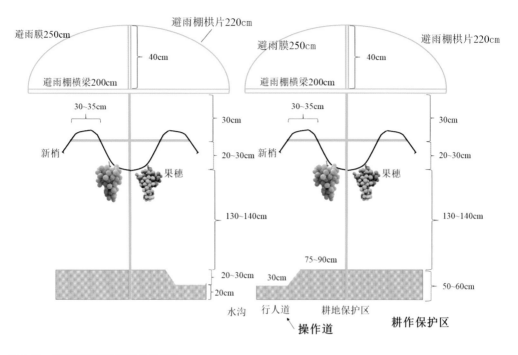

图 3-30　畦面修操作道和耕作层示意图

■ 防治方法

（1）畦面修操作道和耕作层，保护好根系。

（2）壮根性措施　培养健壮、发达的根系是确保水分吸收和传导的基础。具体包括：改密植为稀植，集中土壤于植株周围 4m² 内根系生长土层深度为 40 ～ 80cm；增施有机肥，严格控制氮肥；种植绿肥改土，提高土壤通透性；防治根结或腐线虫病、根腐病、根癌病、白羽纹病等根系病虫害。

（3）保证水分供应　套袋前后易发生期，要保持充足的水分供应。水分供应一般注意两个问题：① 土壤不能缺水或积水。滴灌或微喷是最好的灌水方法，如果大水漫灌，需在在下午 6∶00 以后水次日早上排出，避免中午灌或喷水。② 保持水分。地膜或草或秸秆覆盖畦面的，都有利于土壤水分的保持，减少或避免气灼病。枝蔓、穗轴、果柄出现问题或病害，会影响水分的传导，引起或加重气灼病的发生。尤其是穗轴、果柄的霜霉、灰霉、白粉等病害，及镰刀菌、链格孢危害，均影响水分传导。所以新梢长至 8 ～ 10 叶、开花前后和早中期果穗的病虫害防治非常重要。

（4）地上部分枝叶和地下根系生长的协调　根据品种叶子大小，架式，如"V"或飞鸟形叶幕的留新梢间距为 15（小叶）～ 25（大叶）cm，多余的尽早剪除。减少地上部分的枝、叶、果的数量，保持地上部和地下部分的协调生长，有效减少和避免气灼病。

（5）叶面补肥增强树体抗逆性　叶面喷肥硬核期前 30d、20d、10d 共喷 3 次 0.1 ～ 0.15% 硼砂或硼酸；硬核期的前中期使用 0.4% ～ 0.5% 硝酸钙或氨基酸钙（利用率高，安全、有效）。

（6）适当多留果穗　在疏果穗时，要多预留 10% ～ 20% 的果穗直到最终定果再去掉。

（7）注意防治根系病虫害　如线虫病、根瘤蚜、根腐病、根癌病等。

6 水罐子病

■ **发生原因及规律**

转色期以后，该病是因树体内营养物质不足所引起的生理性病害。结果量过多，摘心过重，有效叶面积小，肥水不足，树势衰弱时发病就重；地势低洼、土壤黏重、透气性较差的园片发病较重；氮肥使用过多、缺少磷钾肥时发病较重；成熟时土壤湿度大，诱发营养生长过旺，新梢萌发量多，引起养分竞争，发病就重；夜温高，特别是高温后遇大雨时发病重。

一般表现在树势弱、摘心重、负载量过多、肥料不足或有效叶面积小时。在留一次果数量较多，又留用较多的二次果时，尤其是土壤瘠薄又发生干旱时发病严重；地势低洼、土壤黏重、易积水处发病重；在果实成熟期高温后遇雨，田间湿度大、温度高，影响养分的转化，发病也重。总之，此病是由诸多因素综合作用所致。欧亚种中的'郑州早红''玫瑰香''无核白''美人指''红地球''红宝石无核''红萝莎里奥''新郁'等大穗品种及欧美种'红富士''巨峰''藤稔'等产量过高时发病较重。

图 3-31

水罐子病是葡萄生理性的不良反应

■ **危害症状**

水罐子病一般于果实转色至近成熟时开始发生。发病时先在穗尖或副穗上发生，严重时全穗发病。有色品种果实着色不正常，颜色暗淡、无光泽，绿色与黄色品种表现水渍状。果实含糖量低，酸度大，含水量多，果肉变软，皮肉极易分离，成一包酸水，用手轻捏，水滴溢出。果梗与果粒之间易产生离层，病果易脱落。

■ **防治方法**

① 科学肥水：注意增施有机肥料及磷钾肥料，控制氮肥使用量，加强根外喷施叶面肥，增强树势，提高抗性。果实近成熟时停止追施氮肥与灌水。及时中耕锄草，避免土壤板结，是减少水罐子病的基本措施。干旱季节及时灌水，低洼园子注意排水，勤松土，保持土壤适宜湿度。② 控产调整叶果比：长三角等南方亩产量控制在 1250～1500kg，中叶型'巨峰''鄞红''早甜''宇选性 1 号''巨玫瑰''户太 8 号''春光''蜜光''宝光''峰光''天工翠玉'等 20～25 叶留一穗 500～750g，大叶型'夏黑''醉金香''阳光玫瑰'主梢叶 13 叶留一穗 500～750g 葡萄。欧亚种，亩产量控制在 1750～2000kg，'红地球'叶果比为 40 片叶留一穗 750～1000g。结二次果的，亩产量控制在 2000kg 以内。③ 果实近成熟时，加强设施的夜间通风，降低夜温，减少营养物质的消耗。④ 合理进行夏季修剪，处理好主副梢之间的关系。欧美种除易日灼品种外，一般只留主梢，副梢尽早抹除。欧亚种，副梢留 1～2 叶绝后摘心。

7 烂 果

■ **发生原因及规律**

发生在果实第二期膨大至销售期间，因裂果或吸果夜蛾、小鸟危害引起果粒腐烂。尤其是吸果夜蛾危害，许多果农当做炭疽病防治，贮运销售期易烂，一般采收后 3～6d 腐烂。

■ **危害症状**

裂果后感染灰霉病、酸腐病而腐烂。吸果夜蛾危害的果粒有大头针针眼，围绕其周围果肉开始腐粒，有时会感染白腐病和炭疽病及杂菌。

■ **防治方法**

① 参考裂果、吸果夜蛾防治方法。② 及时安装防鸟网。③ 销售或贮藏前剪除有害果。

二、缺素性病害

（一）矿质元素与植物抗病

当一些养分低于某一水平时，植物叶片、茎干或者根系容易泄露或散发出多种化合物，其中含有较多的糖和氨基酸，害虫、细菌和真菌等被吸引、繁殖、侵入而引起病害。而当养分过多，特别是氮素过多时，植物组织中也含有更多的氨基酸和其他含氮化合物，形成有利于病菌存活和繁殖的环境，让植物遭受病害；钾是在植物体内合成蛋白、淀粉和纤维素过程中必不可少的元素。纤维素是细胞壁的主要成分，钾的缺乏导致细胞壁容易营养泄漏、叶片的细胞间隙糖和氨基酸的浓度增高；钙和硼的缺乏也会导致糖和氨基酸在茎和叶片组织中累积。同样的，当植物缺锌时，叶片表面"泄漏"出更多的糖分，白粉病（注：白粉病由真菌寄生在植物表面繁殖成一层白色粉状霉层）的侵染率就大大增加，当然这并不意味着锌可以治白粉病，但补充了锌能够降低这类病害的严重程度；大多数真菌和细菌侵染植物组织后释放酶溶解植物组织，这些酶的活性会被钙强烈抑制，因此叶片组织中的钙含量影响对真菌的抗病性；硼等元素在植物组织中合成和在真菌的攻击时诱导产生各种防御的化合物起作用，而硅随叶片的生长在叶片细胞壁累积，有助于形成物理屏障从而防止真菌侵入，植物表皮细胞硅化能抑制一些害虫，如蚜虫的摄食能力，病毒通过叮咬植物的昆虫和真菌传播给植物，植物硅含量充足时减少病毒感染。

其他微量营养素也起到抗病作用。如铜作为波尔多液的主要成分广泛用作杀真菌剂，当然其杀菌作用所需要的浓度通常是植物需要的 10 ～ 100 倍。从营养角度看，铜的缺乏会影响植物遭受病菌害虫攻击时防御化合物的产生，可溶性碳水化合物的积累，并降低木质化程度，所有这些都导致抗病性的下降。

（二）矿质营养的抗病机制

矿物质营养的抗病机制大体可以做如下归纳：① 形成的机械障碍（例如细胞壁厚度）。② 合成天然防御化合物（如抗氧化剂、抗毒素和类黄酮物质）。矿物质影响着这些污染的合成能力和合成数量。

此外充足的营养有助于植物的生长，缩短根茎与病原菌多的土表的接触时间；充足的营养增强植物的自愈能力，一些营养元素可直接影响病毒的毒性，病菌的存活和繁殖等。

西班牙纳瓦拉大学 J. M. Garcia-Mina 将养分的抗病能力分为 4 个层次。

第一层次为一般性和非特异性的功能，养分提高了植物潜在的能力，有利于阻击病原菌的侵袭。

第二个层次，养分参与植物体内防御物质的合成和发挥。

第三个层次，养分参与植物体内防御物质的诱导和激活，养分参与了某一特别的生物学的刺激过程。

第四个层次，养分元素能够抑制甚至直接杀菌、杀虫。

植物中所有的必需元素都具有协助抗病的功能，这些元素的功能组合共同构建植物强壮的防御功能，没有哪个元素能单独发挥作用，植物的病害不能通过任何一个特定的养分完全消除，但充足的营养可以让病害的严重程度降到最低，因此养分平衡很重要。

（三）构筑土壤健康，让营养为植物抗病助力

从以上的论述可以看出，矿质营养在植物抗病中具有重要的作用。植物体内平衡且充足

的营养是植物自身的抗病的基础。

在农业生产过程中，如同前述的自然农法的影片奇迹画面一样，通过植物营养，促进植物健康，从而减少肥料施用的案例和示范不在少数。中国的农业亟待走出依靠农药保产量的怪圈，通过包括植物营养的多条抗病途径来实现农产品的安全。

在营养与植物病害的关系上，种植者可以充分发挥植物营养的遗传特性、根据所种植的作物进行土壤测试、植物分析和病虫害监测来制定和使用最佳的施肥方案（施用量、施用方法和时间），再结合各种农作措施的调控来最大限度地发挥营养在抗病中的作用。

植物需要 16 种必需元素，除了碳、氢、氧，其余 13 种元素大多来自于土壤，土壤具有足够均衡的养分是植物健康的根本保证。土壤健康促进作物生长，作物营养均衡助力抗病，减少农药施用有助于农产品安全，从而促进人体健康。在健康链条上土壤—作物—农产品—人体—社会是一个环环相扣的链条，只有土壤的健康才有最终的社会健康（王志民，2017）。

（四）缺素性病害种类及其防治方法

---

1 缺钾症

钾与碳水化合物的形成、积累和运转有关，可提高果实含糖量、降低含酸量，促进芬芳物质和色素的形成，有利浆果成熟，同时对细胞壁加厚和提高细胞液浓度有良好的作用，从而促进枝蔓成熟，有利于养分的贮藏和积累，提高抗病力和抗寒性。钾还对葡萄花芽的分化、根系发育有促进作用。钾元素以离子形态（K^+）被植物吸收利用，葡萄根系在萌芽后22d开始吸收钾元素，吸收速率逐渐增大，从落花到转色期为吸收高峰，此期间吸收的钾元素量可占全年吸收量的50%以上，之后吸收速率明显下降，在采收后，大约持续一个月左右，结束期较氮、磷等其他元素早。钾在植物体内移动性良好、可再利用。

葡萄缺钾症是葡萄最常见的营养失调症，葡萄需要较多的钾，总量接近氮的需要量。植物合成糖、淀粉、蛋白质需要钾，钾能促进细胞分裂，钾也中和器官的酸，促进某些酶的活动和协助调整水分平衡。葡萄有"钾质植物"之称，在生长结实过程中对钾的需求量相对较大，缺钾时，常引起碳水化合物和氮代谢紊乱，蛋白质合成受阻，植株抗病力降低。枝条中部叶片表现扭曲，以后叶缘和叶脉间失绿变干，并逐渐由边缘向中间焦枯，叶子变脆容易脱落。果实小、着色不良，成熟前容易落果，产量低、品质差。钾过量时可阻碍钙、镁、氮的吸收，果实易得生理病害（徐爱娣，2014）。

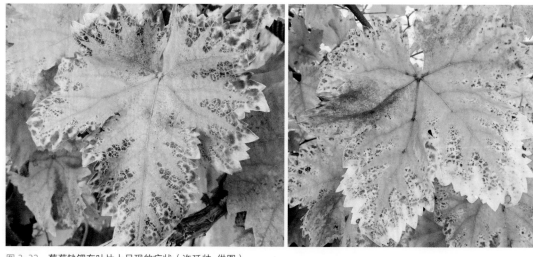

图 3-32　葡萄缺钾在叶片上呈现的症状（许延帅　供图）

■ **发生原因及规律**

细砂土、酸性土以及有机质少的土壤，易缺钾。葡萄缺钾症多在葡萄生长旺盛期出现。正常葡萄园内土壤速效钾含量在 150mg/kg 左右，若明显低于此数量时，便可出现不同程度的缺钾。据报导，土壤速效钾含量在 40mg/kg 以下时发病严重。一般在土壤酸性较强、有机质含量低、不利于土壤钾素积累时易发生此病。氮肥施用量过大时也易引起缺钾。

■ **危害症状**

从枝条中、下部叶片开始，由叶缘开始从浅紫到紫色，进而出现坏死斑，由叶缘向中间逐渐焦枯；严重者脉间变紫褐色或黑褐色，俗称"黑叶"，果实着色浅，成熟不整齐，粒小而少，酸度增加，产量和品质降低。在生长初期缺钾，叶色浅，幼嫩叶片的边缘出现坏死斑点，在干旱条件下，坏死斑分散在叶脉间组织上，叶缘变干，往上卷或往下卷，叶肉扭曲和表面不平。夏末新梢基部直接受光的老叶，变成紫褐色或暗褐色，先从叶脉间开始，逐渐覆盖全叶的正面。结果过多的植株和靠近果穗的叶片，变褐现象尤为明显。因转色期始熟期的果粒成为钾汇集点，因而其他器官缺钾更为突出。严重缺钾的植株，果穗少而小，穗粒紧，色泽不均匀，果粒小。无核白品种可见到果穗下部萎蔫，采收时果粒变成干果粒或不成熟。

■ **防治方法**

（1）根据钾肥吸收规律施肥　葡萄萌芽后 3 周开始吸收钾肥，至始花期占全年用镁量的 15%；始花至谢花期占全年用镁量的 11%。谢花期至转色期需要用占全年用镁量的 50%；果实转色至成熟前镁肥用占全年用镁量的 9%，提高糖度。采收后至落叶前需要用占全年用镁量的 15%。

（2）校正　葡萄全年结合病虫害防治进行根外追肥，但重点在第二次膨大期，喷二次 0.2% 磷酸二氢钾，可提高含糖量 0.5 ～ 2 度。9月上旬喷二次 0.2% 磷酸二氢钾，可促进枝蔓成熟，提高抗寒能力。

2 缺硼症

硼属微量元素，存在于植物幼嫩的细胞壁之中，它对细胞的分裂和生长，对组织的分化和建造细胞壁有密切的关系（毛启霞，2002）。同时，它对酶的活动、碳水化合物的运输都是不可少的。硼以硼酸盐形式被植物吸收，吸收的量很少。硼功能是促进新细胞分化，调整植物碳水化合物的代谢作用。缺少硼时细胞虽可继续分化，但内部构造不能完全地形成；也不利于花粉的萌发和花粉管正常的生长，降低坐果率。硼因不能从植株的老叶移动到幼叶，因此缺硼症状最早出现在幼嫩组织。

■ 发生原因及规律

有机质含量低，土壤偏盐碱，土壤为砂壤土或砂土，春天干燥的气候会导致葡萄缺硼。葡萄缺硼症状的发生与土壤结构有关：沙滩地葡萄园和通气不良、土壤黏重的地区缺硼现象较为严重。气候过于干燥的年份和灌水不足的园地，缺硼症病株也明显增加，特别是在花期前后土壤过于干旱时更易加重缺硼症的发生。

一般土壤 pH 值达 7.5 ～ 8.5 或气候干燥的砂性土地块容易发生缺硼症。此外，土层浅或地下水位高造成根系分布浅或受线虫侵染的根系，阻碍根系吸收功能，也容易发生缺硼症。

■ 危害症状

葡萄缺硼时，可抑制根尖和茎尖细胞分裂，表现植株矮小，枝蔓节间变短，副梢生长弱；叶片小、增厚、发脆、皱缩、向外弯曲，叶缘出现失绿黄斑，叶柄短、粗。根短、粗，肿胀并形成结，可出现纵裂。严重缺硼时，嫩枝及新梢从顶端向下枯死，并发出许多小的副梢；花序小，花蕾数少，开花时，花冠只有 1 ～ 2 片从基部开裂，向上弯曲，其他部分仍附在花萼上包住雄蕊间，影响受精，落花后约经 1 周，子房脱落多，坐果差；有的子房不脱落，成

图 3-33　葡萄缺硼症症状
a. 葡萄新梢缺硼；b. 果实缺硼

为不受精的无核小果粒引起落花、落果，果穗稀疏。若在果粒增大期缺硼，果肉内部分裂组织枯死变褐；硬核期缺硼，果实周围维管束和果皮外壁枯死变褐，成为石葡萄。

■ **防治方法**

选用耐盐碱砧木嫁接；增施有机肥减少化肥改良土壤；秋施基肥时每亩施 1.5 ～ 2kg 硼酸或硼砂或硼锌复合肥；花序分离期至始花期叶面喷施 2 次 0.3% 的硼砂或硼锌复合肥，提高坐果率，可增产 10% ～ 15%。

3　缺铁症

铁元素是植物许多蛋白和酶的组成成分，参与光合作用和呼吸作用，是植物叶绿素的重要组成物质，同时参与体内一系列代谢活动（张正仁，1991）。

■ **发生原因及规律**

铁在植物体内能促进多种酶的活性，土壤中铁元素缺乏时，会影响植物体的生长发育和叶绿素的形成，形成缺铁性黄叶病。土壤中可吸收铁的含量不足，其主要的原因：一是土壤的 pH 值过高，土壤溶液呈碱性反应，以氧化过程为主，从而使土壤中的铁离子（Fe^{2+}）沉淀、固定，不能被根系吸收而缺乏。二是土壤条件不佳，如土壤黏重、排水不良、碱性过大或含碳酸钙过量、春天地温低又持续时间长，均能影响葡萄根系对铁元素的吸收。三是树龄过大、树体老化、结果量多亦可影响根系对铁元素的吸收，引起发病。因铁元素在植物体内不可转移，所以缺铁症首先表现在新梢的幼嫩部分。欧美杂交种如'巨峰''京亚''藤稔'等对铁的缺乏比较敏感。

■ **危害症状**

铁在植物体内不易移动，葡萄缺铁时首先表现的症状是幼叶失绿，叶片变成淡黄色或黄白色，仅沿叶脉的两侧残留一些绿色，严重时，叶片变成黄白色或淡黄色，发生不规则的坏死斑，幼叶由上而下逐渐干枯、脱落；受害新梢生长量小，花序变黄色，花蕾脱落，坐果率低，果粒小。枝条缺少叶片，侧枝上副芽长出瘦小狭窄卷曲的完全失绿叶片，卷须很大。侧枝基部与主枝连接处为浅红色。

■ **防治方法**

①增施有机肥改良土壤，降低土壤的 pH 值，防止土壤盐碱化和过分黏重。②葡萄萌芽前，土壤补施硫酸亚铁，每株沟施或穴施 50 ～ 100g，若掺入有机肥中使用效果更好。③叶片上发现退绿症时，叶面喷肥：0.3% ～ 0.5% 硫酸亚铁溶液，可加入适量柠檬酸或黄腐酸或食醋，并添加 0.3% 尿素液，7 ～ 10d 喷 1 次，连喷 2 ～ 3 次。

图 3-34 葡萄缺铁病症状

a. 葡萄生长季节整株缺铁症状；b. 生长季节新梢缺铁症状；c. 生长季节新梢缺铁症状

4 缺锰症

锰元素在植物体内不易运转，较少流动。锰的功能是在生长过程促进酶的活动，协助叶绿素的形成。

■ 发生原因及规律

缺锰主要发生在碱性土壤和砂质土壤中，土质黏重、通气不良、地下水位高也影响对锰的吸收。锰离子存在于土壤溶液中，并被吸附在土壤胶体内，土壤酸碱度影响植株对锰的吸

图 3-35　葡萄叶片缺锰症状
a. 叶片正面；b. 叶片背面

收。含有石灰的土壤，缺锰症状，常被石灰褪绿的黄化所掩盖，应引起注意。在酸性土壤中，植株吸收量增多。

葡萄缺锰主要表现在叶片上，新梢基部叶片最先发病，幼叶表现症状，叶脉间组织褪绿黄化，后期叶肉组织进一步黄化，叶脉两旁叶肉仍然保持绿色

■ **危害症状**

新梢基部叶片变浅绿，接着叶脉间出现细小黄色斑点，并为最小的绿色小脉所限。第一道叶脉和第二道叶脉两旁叶肉仍保留绿色，此症状类似花叶症状，暴露在阳光下的叶片较荫蔽处叶片症状明显。进一步缺锰，会影响新梢、叶片、果粒的生长，果穗成熟晚，红色葡萄中夹生绿色果粒。

■ **防治方法**

重视葡萄园土壤改良，增施优质有机肥，亩用硫酸锰、与有机肥或硫酸铵、过磷酸钙等混合条施或穴施，作为基肥。保持合适的土壤酸碱度，花前喷洒 0.3% 硫酸锰溶液，每隔 7d 喷 1 次，连喷 2 次。

5 缺锌症

锌与植物生长素的合成有关，缺锌时植物生长素不能正常形成，植株生长异常，同时，叶绿素形成与锌关系密切，所以缺锌时容易引起叶绿素减少从而形成失绿病（胡文，2008）。锌在植物体内以与蛋白质相结合的形式存在（主要分布在幼叶和茎尖中），叶片含锌量测定可判断树体锌素的营养水平，一般葡萄盛花期叶柄含锌量低于15mg/kg时即为不足，25~50mg/kg时为适量（王晓宇，2005）

图 3-36　葡萄叶片缺锌症状

■ 发生原因及规律

缺锌多发生在沙滩地、盐碱地及瘠薄的山地。去掉表土的果园亦易发生缺锌现象。据研究报导，葡萄对锌的需求量很少，每公顷约需 555g。但是土壤中的锌绝大多数都处于固定状态，特别是使用磷肥较多的土地，土壤中的锌可与磷酸根结合生成磷酸锌，不能被植物根系吸收而表现缺锌。因此单纯依靠土壤施肥难以解决缺锌问题。

■ 危害症状

主要发生在新梢生长至幼果期，大多数表现在果穗上，严重时也可在新梢叶片上表现症状。在夏初副梢旺盛生长时，常见叶斑驳，新梢和副梢生长量少，叶稍弯曲，叶肉褪绿而叶脉浓绿。叶片边缘锯齿不整，叶片不对称。葡萄缺锌时枝、叶、果生长停止或萎缩。枝条下部叶片常有斑纹或黄化；新梢顶部叶片狭小或枝条纤细，稍皱缩，节间短，失绿，果实小而畸形，果穗松散，并形成大量的无籽小果。在栽培品种中；欧亚种葡萄对缺锌较为敏感，尤其是一些大粒型品种和无核品种如'红地球''森田尼无核'等对锌的缺乏更为敏感。

■ 防治方法

（1）秋施基肥时适量混施锌肥，促进植物对锌肥的吸收。沙质土壤含锌盐少，而且容易流失；而碱性土壤锌盐易转化成不可利用状态，不利于葡萄的吸收和利用。所以改良土壤结构、增施有机肥料、调节各元素平衡协调，对改善锌的供应有良好的作用。

（2）葡萄开花前 2 ～ 3 周至谢花后每半月左右叶面喷 0.1% ～ 0.3% 硫酸锌 2 ～ 3 次，使葡萄形成层细胞分裂旺盛，木质部和韧皮部发达，新梢生长迅速，改善葡萄品质。

6　缺镁症

镁是叶绿素的重要组成成分，也是细胞壁胞间层的组成成分，还是多种酶的成分和活化剂，对呼吸作用、糖的转化都有一定影响，可以促进磷的吸收和运输，并可以消除过剩的毒害。果树中以葡萄最容易发生缺镁症。

■ 发生原因及规律

生长初期症状不明显，果实膨大期开始、坐果量多的植株容易缺镁。果树缺镁症主要是土壤中缺少可给态的镁而引起的，其根源是有机肥质量差、数量少，肥源主要靠化学肥料，而造成土壤中镁元素供应不足，夏季大雨后，更为显著。一般地说，土壤中并不缺镁，镁过

图3-37　葡萄叶片缺镁症状

多时反而有毒害作用，影响果树生长。如碱性土中有时会发生镁过多的中毒现象，而酸性土壤中镁元素较易流失，所以缺镁症在中国南方的葡萄园发生较普遍。钾肥施用过多，或大量施用硝酸钠及石灰的果园，也会影响镁的吸收，常发生缺镁症。

■ 危害症状

从植株基部的老叶开始发生，最初老叶脉间褪绿，继而叶脉间发展成带状黄化斑点，多从叶片的中央向叶缘发展，逐渐黄化，最后叶肉组织黄褐坏死，仅剩下叶脉仍保持绿色。因此黄褐色坏死的叶肉与绿色叶脉界限分明。'红地球''大紫王'等品种部分叶片出现紫红色斑块。缺镁症一般在生长季初期症状不明显，从果实膨大期才开始显症并逐渐加重，尤其是坐果量过多的植株，果实尚未成熟便出现大量黄叶，病叶一般不早落。缺镁对果粒大小和产量的影响不明显，但浆果着色差，成熟期推迟，糖分低，使果实风味明显降低。镁与钙有一定的拮抗作用，能消除钙过剩的毒害。钾与镁也有拮抗作用，过多施用钾肥，会导致缺镁，从外观上是缺镁，而实际上是钾过剩所致。砂质土壤和酸性土壤镁极易流失。

■ 防治方法

（1）了解品种与砧木特性　如'巨玫瑰''秋红'品种易缺镁；SO4 和 R110 作砧木吸收镁能力弱等。

（2）施肥根据需求规律　葡萄萌芽后 4 周开始吸收镁肥，至始花期占全年用镁量的10%；始花至谢花期占全年用镁量的 12%。谢花期至转色期需要用占全年用镁量的 43%；果实转色至成熟前镁肥用占全年用镁量的 13%，增进风味。采收后至落叶前需要用占全年用镁量的 22%。

（3）校正　在施催芽肥时结合施硫酸镁校正，缺镁严重的土壤，每亩约 20kg；正常葡萄园每亩约补镁 2 ~ 5kg。田间偶然有植株开始出现缺镁症状时，叶面喷 3% ~ 4% 的硫酸镁，生长季喷 3 ~ 4 次。酸性土壤上适当施用镁石灰或碳酸镁，中性土壤中施用硫酸镁，补充土壤中有效镁的含量。SO4 和 R110 砧木嫁接的品种对镁吸收水平弱需及时补充。自根的'秋红''巨玫瑰'等品种需补充镁。

7 缺钙症

钙是植物体内重要的基本元素之一，是保持葡萄浆果硬度所不可缺少的元素，在一系列的生理变化过程中起着重要作用。葡萄果粒特别是果皮中含钙量不足，是引起果肉腐烂褐变、果粒脱离果穗等不良现象的重要原因。葡萄在采收前喷钙，可增加葡萄果实的含钙量，提高葡萄品质，增强耐贮运性。

■ 发生原因及规律

钾对钙有拮抗作用，过多的钾会抑制钙的吸收。适量的镁可促进钙的吸收。硼对钙的吸收和运输有很大的促进作用。往往土壤中钾、氮、镁等离子过多，阻碍了葡萄对外的吸收易

图 3-38　葡萄缺钙在叶片上呈现的症状

引起缺钙；同时空气温度小，水分蒸发快，土壤干旱，土壤溶液浓度大等都不利于葡萄对钙的吸收，从而出现缺钙症。

葡萄钙素的吸收有两个明显的高峰阶段，一是在谢花后至转色期前达到高峰，占全年吸收总量的 46%；二是在果实采收后到休眠前出现第二次吸收高峰，占全年吸收总量的 22%。可供来年早春树体萌芽、展叶、花芽分化、开花、结果等所用。

■ **危害症状**

葡萄缺钙时，枝、叶徒长质地变软，影响果实糖分，香味淡，影响风味。幼叶脉间及叶缘褪绿，随后在近叶缘处出现针头大小的斑点，叶尖及叶缘向下卷曲，几天后褪绿部分变暗褐色，并形成枯斑。由于缺钙，细胞壁过薄，在高渗情况下，尤其是浇完水以后，水就会顺着叶脉渗到叶肉中间，形成水渍状，会出现叶片生理充水。茎蔓先端顶枯；新根短粗而弯曲，尖端容易变褐枯死。

■ **防治方法**

（1）施肥按以下吸收规律　葡萄钙素的吸收有两个明显的高峰阶段，一是在谢花后至转色期前达到高峰，占全年吸收总量的 46%；二是在果实采收后到休眠前出现第二次吸收高峰，占全年吸收总量的 22%。可供来年早春树体萌芽、展叶、花芽分化、开花、结果等所用。幼果一膨大期，使用硝酸钙肥，亩使用量 5～10kg 冲施或者滴灌，可以补充钙肥，试验表明：'天工翡翠'叶面喷氨基酸钙粒重增加 0.8g，穗重增加 22.8%。秋施基肥时混施钙镁磷肥，钙镁磷肥中含有 20%～30% 的氧化钙、氧化镁 16%、五氧化二磷 14%～18%、二氧化硅 40%，其可以适当补充葡萄所需要的中微量元素；

（2）校正　使用硝酸钙时，避免和磷肥一起使用，否则易产生磷酸钙沉淀，降低钙肥效果；同时应避免和钾肥一起使用，钾离子和钙离子的分子量大小相近，易产生拮抗作用。酸性土壤在秋冬季雨前撒施生石灰，pH 值 5.5～6.5 酸性土壤每亩用 50kg 左右 pH 值 4.5～5.5 强酸性土壤，每亩用 70～100kg 校正土壤酸碱度，同时补充钙元素。

8 缺氮症

氮是保证葡萄正常生长结果最主要的元素之一，是原生质和酶的必要成分，有机含氮的主要成分。氮能调节生长及结实，当其他的任何一种元素缺乏时也不会和缺氮一样很快地引起生长的停止，任何一种元素作为肥料施入土壤时不能像氮一样迅速而明显地起作用，甚至其他元素过量地施入，也不能和氮一样表现出相反的效果。因此，氮肥管理是葡萄施肥管理中的重点。氮肥之所以能提高产量是由于氮素能延迟叶片的衰老进程，提高叶片叶绿素含量，使植株保持较大的同化面积，制造更多的有机物。供氮充足时可以大大促进植株或群体的光合总产量，但若过量施氮，可使枝叶生长和发育过速造成徒长，节间长，髓部大，导致落花落果严重，浆果着色差，含糖量低，品质下降，秋季枝蔓不易成熟，易受冻害和旱害，枝叶过旺影响通风透光，病虫害加重。

■ **发生原因及规律**

氮素营养是植物蛋白质形成的基础，葡萄正常的生长发育需要适当的氮素供应，以促进枝蔓生长，使树体生长旺盛，叶色浓绿。

葡萄氮素的吸收有两个明显的高峰阶段，自萌芽后逐渐开始，在末花后至转色期前达到高峰，之后吸收量有所下降，在果实采收后到休眠前出现第二次吸收高峰。在第二次吸收高峰期植株所吸收的氮量占全年吸收量的34%，可供来年早春树体萌芽、抽枝展叶、花芽分化、开花等之用。研究表明，萌芽时树体贮藏养分中的氮60%是在头一年果实采收后吸收的，因此，秋季氮肥补充对葡萄优质丰产至关重要。

葡萄吸收氮主要有硝态氮（NO_3^-）和铵态氮（NH_4^+）两种形式。通常硝态氮可以被根系直接吸收利用，但其极易被淋溶而损失掉；铵态氮的吸收较缓慢，且需经硝化作用转化成硝态氮。土壤贫瘠，肥力低，沙性强，有机质含量和氮素含量低。很少施基肥或使用未腐熟肥均易造成缺氮。管理粗放，杂草丛生，消耗氮素。

■ **危害症状**

葡萄缺氮时植株瘦弱，首先导致新梢上部叶片变黄，新生叶片变薄变小，老叶黄绿带橙色或变成红紫色；新梢节间变短，花序纤细，花器分化不良，落花落果严重，生长结束早。氮素严重不足时，新梢下部的叶片变黄，甚至提早落叶。

■ **防治方法**

（1）根据施肥规律施用氮肥 春季葡萄植株缺氮对花芽继续分化和开花坐果都有不良影响，因此生长前期应用速效氮肥予以追施，因葡萄萌芽后10d开始吸收氮肥，至始花期占全年用氮量的14%；始花至谢花期占全年用氮量的14%。谢花期至转色期需要用占全年用氮量的38%；而在果实转色至成熟前要控制施用氮肥。采收后及时追施速效氮肥能

图 3-39　葡萄叶片缺氮症状

增强后期叶片的光合作用，对树体养分的积累和花芽的分化有良好的作用，需要用占全年用氮量的 34%。

（2）校正　叶面喷肥能迅速弥补氮素的不足，常用的肥料种类有尿素、硫酸铵、硝酸铵及充分腐熟的尿液等，其中以尿素效果最好。用波尔多液和尿素混合喷布，能减轻尿素对叶片的伤害作用；叶面喷布尿素常用的浓度为 0.2%～0.3%。叶面喷施能较快纠正氮素营养的不足，但决不能代替基肥和追肥，对缺氮的葡萄园尤其要重视基肥的施用。

9 缺磷症

磷在酸性土壤上易被铁、铝的氧化物固定，降低磷的有效性，在碱性或石灰土壤中易被碳酸钙所固定，无论酸性还是碱性土壤中都容易缺磷。

■ 发生原因及规律

磷素一般从葡萄萌芽后 3 周开始吸收，谢花到果实转色前吸收达到最高峰，占全年吸收总量的 40%，以后逐渐减少，进入成熟期几乎停止吸收。但是，在果实膨大期，原贮藏在茎、叶的磷素，大量转移到果实中去。果实采收以后，吸收达到第二高峰，占全年 28%。

磷在酸性土壤上易被铁、铝的氧化物所固定而降低磷的有效性；在碱性或石灰性土壤中，磷又易被碳酸钙所固定，所以在酸性强的新垦红黄壤或石灰性土壤，均易出现缺磷现象；土壤熟化度低的以及有机质含量低的贫瘠土壤也易缺磷；低温促进缺磷，由于低温影响土壤中磷的释放和抑制葡萄根系对磷的吸收，导致葡萄缺磷。

■ **危害症状**

葡萄缺磷的症状，一般与缺氮的症状基本相似。萌芽、开花晚，萌芽率低。叶片变小，叶色暗绿带紫，叶片变厚、变脆，叶缘发红焦枯，出现半月形死斑；坐果率降低，果粒变小，产前落果重，产量低；着色差，含糖量低，商品性差。

■ **防治方法**

（1）施肥规律　一般每生产 100kg 浆果，其磷（P_2O_5）的吸收总量为 6kg。矫正葡萄缺磷，应早施磷肥。作基肥施入，以亩产 2000kg 葡萄为例，每亩至少要施用 30～40kg 的过磷酸钙。具体按以下需求规律施：磷素一般从葡萄萌芽后 3 周开始吸收，至谢花末用量占全年的 32%，谢花末到果实转色前吸收达到最高峰，占全年吸收总量的 40%，以后逐渐减少，进入成熟期几乎停止吸收。但是，在果实膨大期，原贮藏在茎、叶的磷素，大量转移到果实中去。果实采收以后，吸收达到第二高峰，占全年 28%。

（2）校正　生长期表现缺磷时，可叶面喷施磷素肥料。常用的磷肥有磷酸铵、过磷酸钙、硫酸钾、磷酸二氢钾等。酸性土壤施用石灰，调节土壤 pH 值至 6.5～7.5，以提高土壤磷的有效性。

铜是作物体内多种氧化酶的组成成分，因此在氧化还原反应中铜有重要作用。它还参与葡萄植株的呼吸作用，影响葡萄植株对铁的利用。在叶绿体中含有较多的铜，因此铜与叶绿素形成有关。不仅如此，铜还具有提高叶绿素稳定性的能力，避免叶绿素过早遭受破坏，这有利于叶片更好地进行光合作用。

图 3-40　葡萄叶片缺磷症状（许延帅 供图）

10 缺铜症

铜是作物体内多种氧化酶的组成成分，因此在氧化还原反应中铜有重要作用。它还参与葡萄植株的呼吸作用，影响葡萄植株对铁的利用。在叶绿体中含有较多的铜，因此铜与叶绿素形成有关。不仅如此，铜还具有提高叶绿素稳定性的能力，避免叶绿素过早遭受破坏，这有利于叶片更好地进行光合作用。

■ **危害症状**

叶绿素减少，叶片出现失绿现象，幼叶叶尖因缺绿而黄化并干枯，最后叶片脱落。缺铜时葡萄植株瘦弱，生长受阻；枝蔓顶端常枯死，幼叶尖端失绿且干枯，最后叶片脱落。

幼叶最先出现症状，叶尖坏死和叶片枯萎发黑。新生叶失绿，叶尖发白卷曲，叶片出现坏死斑点，进而枯萎。

■ **防治方法**

葡萄叶片含铜量 2ppm 时为缺乏，应根外追施 0.1% 硫酸铜溶液或结合防病喷施波尔多液。据观察，常喷波尔多液的葡萄园，叶片厚，叶色浓绿，落叶期明显推迟，枝条充实，芽眼饱满。

图 3-41　葡萄叶片缺铜症状

第四章

葡萄常见虫害
种类及防治

我国危害葡萄的害虫有 130 多种，分布普遍危害较重的有 9 种（类），调查发现主要有绿盲蝽、金龟子类、葡萄透翅蛾、烟蓟马、介壳虫类、螨类、蛾类、叶蝉类、葡萄虎天牛等（叶道纯，1988）。根据危害葡萄植株主要部位大致可分为 4 类，但有的虫不止危害一个部位。叶部害虫：绿盲蝽、叶蝉类、葡萄星毛虫、斜纹夜蛾、天蛾类、白粉虱类、烟蓟马、葡萄虎蛾、金龟子类以及各种螨类等。枝蔓害虫：葡萄透翅蛾、介壳虫类、斑衣蜡蝉、葡萄虎天牛、双棘长蠹等。花序和幼果害虫：绿盲蝽、金龟子、蓟马等。果实害虫：白星花金龟、豆蓝金龟子、吸果夜蛾、蜗牛等。根部害虫：根结线虫、葡萄根瘤蚜、蛴螬等。虫害防治必须贯彻"预防为主，综合防治"的方针，准确识别虫害的种类，掌握其发生规律，进行预测预报，并对症施药，实施经济有效的防治。

第一节
常见虫害的综合防治

一、农业防治

农业防治是利用农业技术措施，在少用药的前提下，改善植物生长的环境条件，增强植物对虫害的抵抗力，创造不利于害虫生长发育或传播的条件，以控制、避免或减轻虫害，不需要增加额外的经济负担，即可达到控制多种病虫害的目的，花钱少，收效大，作用时间长，不伤害天敌。因此，农业防治是贯彻"预防为主"的经济、安全、有效的根本措施，它在整个病虫害防治中占有十分重要的地位，是害虫综合防治的基础。主要措施有培育壮树，适时修剪，科学施肥，土壤改良，排涝抗旱等。

二、物理防治

物理防治利用简单工具和各种物理因素，如光、热、电、气、水和声波等防治虫害的措施。包括最原始、最简单的徒手捕杀或清除。捕杀法是用人力和一些简单的器械，消灭各发育阶段的害虫。如割取枝干上的卵块，摘除卵或幼虫集中的叶片，刷除枝干的介壳虫，振落捕杀具有假死性的害虫，人工捕杀天牛等。诱杀法是利用害虫的趋光性、嗜好物和某些雌性昆虫性激素等进行诱杀。深埋法是冬季搜集老皮、枯枝、落叶、病穗等添加菌后进行深埋使其腐烂作肥或改良土壤。

三、化学防治

化学防治就是使用化学农药防治植物虫害的方法。在采用化学药剂防治虫害时，应根据防治对象，正确选择农药品种和使用浓度，并严格按技术要求喷药。

四、生物防治

生物防治是指利用有益生物或其他生物来抑制或消灭有害生物的一种防治方法，如常用的以虫治虫和以菌治虫。它的最大优点是不污染环境，是农药等非生物防治虫害方法所不能比的。常用于生物防治的生物可分为三类：① 捕食性生物，包括草蛉、瓢虫、步行虫、畸螯螨、钝绥螨、蜘蛛以及许多食虫益鸟、鸡等；② 寄生性生物，包括寄生蜂、寄生蝇等；③ 病原微生物，包括苏云金杆菌、白僵菌等。

第二节

葡萄生产常见虫害

1 根瘤蚜

根瘤蚜是中国公布的《中华人民共和国进境植物检疫危险性病、虫、杂草名录》中规定的二类危险害虫。目前根瘤蚜广泛分布于六大洲约40个国家和地区。葡萄根瘤蚜于19世纪中期从美国东部传到欧洲，在25年内几乎摧毁了法、意、德的葡萄和酿酒业，严重危害欧洲和美国西部的葡萄（张军翔 等，2001），吮吸葡萄的汁液，在叶上形成虫瘿，在根上形成小瘤，最终植株腐烂。根瘤蚜是葡萄的大害虫，为国际检疫害虫之一，1892年张裕葡萄酒厂在烟台东山建葡萄园，1895年从法国引入葡萄苗时被引入，仅见于山东、辽宁和陕西的局部地区。

葡萄根瘤蚜属同翅目瘤蚜科，是一种毁灭性害虫。1854年发现于美洲，在美国纽约、得克萨斯等地的野生美洲葡萄上广泛存在。1863年首先在英国温室中栽培的葡萄上发现了根瘤蚜（叶瘿型），1865年在法国南方Gard地区也发现了根瘤蚜，1868年正式命名。至1884年，被毁灭的葡萄园达到100万hm^2。遭受侵染的66.45hm^2，到1900年根瘤蚜侵染遍布法国，仅产业损失就高达5000亿法郎。

■ 形态特征

葡萄根瘤蚜拉丁文名 *Viteus vitifoliae*，英文名 grape phylloxera，为同翅目（Homoptera）的一种黄绿色小昆虫，学名为 *Phylloxera vitifoliae*。根瘤蚜的一生分为无翅阶段和有翅阶段，前者行孤雌生殖；后者产雌、雄蚜，交配后雌蚜产卵，以卵越冬。

图 4-1　葡萄根瘤蚜（张志昌 拍摄）

无翅孤雌蚜体长 1.1mm。活体鲜黄至污黄色。体表有鳞纹，背面每节有一横行深色瘤状突起，触角 3 节，甚短。喙粗长达后足基节，末节为后跗节 Ⅱ 的 2.2 倍。足粗短，胫节短于股节，不善活动。无腹管。有翅孤雌蚜触角 3 节，第 3 节有两个纵长环状感觉圈。前翅翅痣大，只有 3 斜脉，后翅缺斜脉。静止时翅平置于背面。雌、雄性蚜无翅，喙退化，跗节 1 节。

（1）成蚜　葡萄根瘤蚜有根瘤型、有翅型、有性型、干母及叶瘿型；体均小而软；触角 3 节；腹管退化；不论传播和危害均以根瘤型为主。根瘤型无翅孤雌蚜，体卵圆形，体长 1.2～1.5mm，鲜黄色至污黄色，头部色深；足和触角黑褐色；触角粗短，全长 0.16mm，约为体长的 1/10。体背各节有许多黑色瘤状突起，各突起上各生 1 根毛。有翅孤雌蚜体长椭圆形，长约 0.9mm，先淡黄色，后转橙黄色，中后胸红褐色；触角及足黑褐色；触角 3 节，第 3 节上有 2 个椭圆形感觉圈。前翅翅痣很大，只有 3 根斜脉，后翅无斜脉。

（2）卵　葡萄根瘤蚜的卵有越冬卵、干母产的卵、干雌产的卵、叶瘿型雌虫产的卵、根瘤型雌虫产的卵、产生有翅型蚜虫的卵、两性卵等类型，但形态上可以分为 3 个类型：越冬卵为性蚜交配后产的卵，比孤雌生殖的卵小，长约 0.27mm，宽约 0.11mm，呈橄榄绿色。孤雌生殖的卵包括干母成熟后产的卵（发育为干雌）、干雌产的卵（孵化后可以在叶瘿内、也可以在根系上形成根瘤型）、叶瘿型雌蚜虫产的卵、根瘤型雌蚜虫产的卵和产生有翅蚜的卵。几种卵的大小基本一样：长约 0.3mm，宽约 0.15mm，初产时淡黄至黄绿色，后渐变为暗黄绿色。不过，叶瘿型的卵比根瘤型的卵壳较薄而且亮。两性卵为有翅蚜产下的大小两种卵，初产时为黄色，后呈暗黄色，大的为雌卵，长 0.35～0.5mm，宽 0.15～0.18mm，小的为雄卵，长约 0.28mm，宽约 0.14mm。

（3）干母　越冬卵孵化后叫干母，只能在叶片上形成虫瘿。成熟后无翅，孤雌卵生，产的卵孵化后叫干雌。干母产的卵，孵化后的若虫与叶瘿型若虫相似；成虫与叶瘿型无翅成蚜一致。

（4）叶瘿型蚜虫　卵长约 0.3mm，宽约 0.15mm，初产时淡黄至黄绿色，后渐变为暗黄绿色。不过，叶瘿型的卵比根瘤型的卵壳较薄而有亮。在叶瘿内孵化的卵发育为若虫，与根瘤型类似，但体色比较浅。叶瘿型无翅成蚜体近于圆形，无翅，无腹管，体长 0.9～1.0mm，与根瘤型无翅成蚜很相似，但个体较小，体背面各节无黑色瘤状突起，在各胸节腹面内侧有 1 对小型肉质突起；胸、腹各节两侧气门明显；触角末端有刺毛 5 根。

（5）根瘤型蚜虫　卵长约 0.3mm，宽约 0.15mm，初产时淡黄至黄绿色，后渐变为暗黄绿色。若虫共 4 龄。一龄若虫椭圆形，淡黄色；头、胸部大，腹部小；复眼红色；触角 3 节直达腹末，端部有一感觉圈；二龄后体型变圆，眼、触角、喙及足分别与各型成虫相似。无翅成蚜体呈卵圆形，长 1.15～1.50mm，宽 0.75～0.9mm，淡黄色或黄褐色，无翅，无腹管；体背各节具灰黑色瘤，头部 4 个，各胸节 6 个，各腹节 4 个；胸、腹各节背面各具 1 横形深色大瘤状突起；在黑色瘤状突起上着生 1～2 根刺毛；复眼由 3 个小眼组成；触角 3 节，1、2 节等长，第 3 节最长，其端部有 1 个圆形或椭圆形感觉器圈，末端有刺毛 3 根（个别的具 4 根）。

（6）有翅蚜　卵为根瘤型雌虫产的卵，与根瘤型的卵没有区别。初龄若虫同根瘤型的初龄若虫一样，但二龄开始有区别。二龄时体较狭长，体背黑色瘤状突起明显，触角和胸足黑褐色；三龄时，胸部体侧有黑褐色翅芽，身体中部稍凹入，胸节腹面内侧各有 1 对肉质小突起，腹部膨大。若虫成熟时，胸部呈淡黄色半透明状。成虫体呈长椭圆形，长约 0.90mm，宽约 0.45mm；复眼由多个小眼组成，单眼 3 个；翅 2 对，前宽后窄，静止时平叠于体背（不同于一般有翅蚜的翅呈屋脊状覆于体背）；触角第 3 节有感觉器圈 2 个，1 个在基部近圆形，另 1 个在端部长椭圆形；前翅翅痣长形，有中脉、肘脉和臀脉 3 根斜脉，后翅仅有 1 根脉（径分脉）。

（7）性蚜　有翅蚜产下的大小两种卵是有性卵，初产时为黄色，后呈暗黄色；大的为雌卵，长 0.35～0.5mm，宽 0.15～0.18mm；小的为雄卵，长约 0.28mm，宽约 0.14mm。有性蚜的若虫阶段是在卵内完成的，孵化后直接是成虫。雌成蚜体长 0.38mm，宽 0.16mm，无口器和翅，黄褐色，复眼由 3 个小眼组成；雄成蚜体长 0.31mir，宽 0.13mm，无口器和翅，黄褐色，复眼由 3 个小眼组成外生殖器孔头状，突出于腹部末端。雌雄性蚜交配后产越冬卵。

　■ **传播途径**

一般通过 5 种方式传播：① 通过苗木、种条，远距离传播（随带根的葡萄苗木调运传播在完整生活史的地区，枝条往往附着越冬卵，随种条调运传播）；② 此虫通过爬出地面，再通过缝隙传染给临近植株；③ 有翅蚜和叶瘿，随风传播；④ 通过水，随水流传播；⑤ 带根瘤蚜的物体（如土壤 等），通过运输工具、车辆、包装等传播。

　■ **发生规律**

此蚜适于生存在砂土地上，主要以一龄若虫和少量卵在 2 年生以上粗根分叉或根上缝隙处越冬。翌春 4 月越冬若虫开始危害粗根，经 4 次蜕皮后变成无翅雌蚜，7～8 月产卵，幼虫孵化后危害根系，形成根瘤。根瘤蚜主要以孤雌生殖方式繁殖，只在秋末才行两性生殖，雌、雄交尾后越冬产卵。在美洲，被害葡萄的叶上常形成虫瘿。以若虫在根部越冬。每年可孤雌卵生 5～8 代。仲夏和秋季发生有翅蚜，迁移到茎叶上产大型雌卵和小型雄卵，孵化后发育成熟，雌与雄交配，每雌可产 1 卵于茎或根上越冬，在特定葡萄品种上，越冬后可孵化成活。该害虫远程传播主要随苗木的调运。

根瘤蚜的繁殖能力极强，生存繁殖世代受生态条件的影响。土壤温度 24～26℃为根瘤蚜生存繁殖的最适温度，根瘤蚜在冷凉地区 1 年可繁殖 4～5 代，在温暖地区则 7～9 代。夏季温度达到 30℃的地区 1 个月 1 代，不同土层温度的递降也影响到发展的代数，在俄罗斯克拉斯诺达尔边疆区的阿纳普地区，50cm 以上的表层土壤中根瘤蚜 1 个夏季可发生 5～6 代，1～2m 深的土壤中 2～3 代。根瘤蚜虫卵对温度的耐受性极强，用温度低于 42℃的水浸泡没有伤害，而当水温超过 45℃时浸泡 5min，卵则全部死亡。同样，11～12℃的冬季低温对根瘤蚜也没有伤害。此外，根瘤蚜在葡萄园淹水条件下仍能保持一定的存活率，在法国、格鲁吉亚、外高加索一些葡萄园曾采用全园淹水的办法，也不能完全消灭根瘤蚜。

■ 危害症状

在有完整生活史的地区，枝条往往附着越冬卵，如用此种枝条做插条就可传播。也可以随装葡萄的箱和耕作工具传播。对葡萄属植物有较大危害。被害须根和侧根肿胀，成为根瘤或胀瘤，不久即变色腐烂，使植株发育不良甚至枯死。

葡萄根瘤蚜在欧洲种葡萄上只危害根部，而在美洲种葡萄和野生葡萄上根系和叶片都可被害。被侵染的葡萄叶片在叶背面形成大量的红黄色虫瘿，阻碍叶片正常生长和光合作用。新根被刺吸危害后发生肿胀，形成菱形或鸟头状根瘤。粗根被侵害后形成节结状的肿瘤，蚜虫多在肿瘤缝隙处。根瘤蚜不但直接危害根系，削弱根系的吸收、输送水分和营养功能，而且刺吸后的伤口为病原菌微生物的繁衍和侵入提供了条件，导致被害根系进一步腐烂、死亡，从而严重破坏根系对水和养分的吸收、运输，植株发育不良，逐渐衰弱，影响产量和品质，最后枯死，甚至毁灭葡萄园。

■ 防治方法

（1）苗木检疫及消毒　葡萄根瘤蚜是国内外植物检疫对象，在苗木引进和出圃时，必须严格检疫。苗木用辛硫磷肥 800 倍液浸 15min 后种植或出圃。

（2）育苗　利用抗性砧木如 420A、3309C、Gloire、101～14、5C、SO4、5BB 等，实行嫁接栽培。育苗地冬季连续淹水 2 个月，能有效杀死越冬蚜虫。

（3）土壤处理　对有根瘤蚜的葡萄园或苗圃，可用二硫化碳灌注。方法：在葡萄主蔓及周围距主蔓 25cm 处，每 $1m^2$ 打孔 8～9 个，深 10～15cm，春季每孔注入药液 6～8g，夏季每孔注入 4～6g。但在花期和采收期不能使用，以免产生药害。根据该害虫在砂壤土中发生极轻，改良黏重土壤质地，提高土壤中砂质含量。

（4）化学防治　用 1.5% 蒽油与 0.3% 硝基磷甲酚的混合液，在 4 月份越冬代若虫活动时对根际土壤及二年生以上的粗根根叉、缝隙等处喷药，对该害虫有较好的防治作用。

2 烟蓟马

烟蓟马（*Thrips tabaci* Lindeman）是缨翅目、蓟马科昆虫的 1 种，又称棉蓟马、葱蓟马（吴春昊，2008）。国内外广泛分布，危害棉、烟草等多种作物，其他寄主还有葡萄、苹果、李、梅、柑橘、草莓、菠萝等。

■ 形态特征

雌虫成虫体长 1.2～1.4（mm），两种体色，即黄褐色和暗褐色。触角第 1 节淡；第 2 节和 6～7 节灰褐色；3～5 节淡黄褐色，但 4、5 节末端色较深。前翅淡黄色。腹部第 2～8 背板较暗，前缘线暗褐色。头宽大于长，单眼间鬃较短，位于前单眼之后、单眼三角连线外缘。触角7节，第3、4节上具叉状感觉锥。前胸稍长于头，后角有2对长鬃。中胸腹板内叉骨有刺，后胸腹板内叉骨无刺。前翅基鬃7或8根，端鬃4～6根；后脉鬃15或16根。腹部2～8背板中对鬃两侧有横纹，背板两侧和背侧板线纹上有许多微纤毛。第2背板两侧缘纵列3根鬃。第8背板后缘梳完整。各背侧板和腹板无附属鬃。卵0.29mm，初期肾形，乳白色，后期卵圆形，黄白色，可见红色眼点。若虫共4龄，各龄体长为0.3～0.6（mm）、0.6～0.8（mm）、1.2～1.4（mm）

图4-2　二次果烟蓟马危害状

及1.2～1.6（mm）。体淡黄，触角6节，第4节具3排微毛，胸、腹部各节有微细褐点，点上生粗毛。4龄翅芽明显，不取食；但可活动，称伪蛹。

■ 传播途径

烟蓟马迁飞传播。

■ 发生规律

多数以成虫或若虫在葱、蒜及杂草或残株上越冬。春季气温达到10℃以上时开始活动，先在返青的葱、蒜上危害再迁飞至葡萄上危害。喜阴，晚上和阴天在叶、果面危害。成虫寿命8～10d，卵产于叶背皮下和叶脉内。华东、华北、华南一年分别6～10代、3～4代和10代以上。4～5月葡萄主要危害花蕾和幼果，相对湿度70%以上，危害率低，在23～25℃，相对湿度60%以上，危害率高。葡萄初花期到霜降都可危害。干旱地区或干旱年份和季节，常大量繁殖，形成灾害。

■ 危害症状

成虫多在寄主上部嫩叶反面活动、取食和产卵。若虫多在叶脉两侧取食，幼果被害初期小黑斑，随着果实膨大而成为不同形状的木栓化褐色病斑，影响外观品质。叶被害叶尖及叶缘严重些，成水清状失绿黄色小斑点。葡萄二代同堂的二次果危害严重。

■ 防治方法

（1）农业防治　冬季彻底清除田间残株、落叶和寄主杂草，减少越冬虫源。注意保护和利用天敌。烟蓟马的天敌种类很多，常见的捕食性天敌有横纹蓟马、宽翅六斑蓟马、小花蝽和华姬猎蝽，这些天敌对烟蓟马的发生有一定的控制作用。

（2）物理防治　烟蓟马有趋蓝色的习性，可于5～6月间在虫口密度大的烟田悬挂蓝色黏板，捕杀大量的烟蓟马和其他有害蓟马。

（3）化学防治　针对越冬虫源有迁移在早春作物及其他杂草上的习性，注意防治周边其他作物（如葱、蒜、番茄、马铃薯、十字花科蔬菜、杂草等）上的蓟马，以减少栽烟后转入葡萄园的蓟马。早春危害初期、开花前后，及时喷洒10%吡虫啉可湿性粉剂2000倍液，或25%

噻虫嗪水分散粒剂 4000 ～ 5000 倍液，48% 多杀霉素悬浮剂 2000 ～ 3000 倍液，视虫情 7 ～ 10d 1 次，连治 2 ～ 3 次。还可喷 50% 辛硫磷乳油 1000 倍液、1.8% 阿维菌素 3000 倍液。

3　介壳虫

介壳虫（*Coccoidea*）是葡萄、柑橘、柚子上的一类重要害虫，葡萄上危害较重的有粉蚧、康氏粉蚧、葡萄粉蚧、东方盔蚧等（付海滨等，2010）。介壳虫危害叶片、枝条和果实。

■ 形态特征

介壳虫的体壁表面或硬化被覆 1 层硬壳（如盾蚧），或有粉状蜡质分泌物（如粉蚧），或体被蜡质分泌物呈白色粉状、玻璃状或棕褐色壳状，因此能分泌蜡质介壳，雌虫无眼，无脚，亦无触角。雄虫则具发达之脚、触角及翅，营孤雌或两性生殖，部分种类是重要害虫。

常见的外型有圆形、椭圆形、线形或牡蛎形。幼虫具短脚，幼龄可移动觅食，稍长则脚退化，营固着生活。常见的有康氏粉蚧、葡萄粉蚧、东方盔蚧等。

介壳虫类昆虫的雄性有翅，能飞，雌虫和幼虫一经羽化，终生寄居在枝叶或果实上。雌性成虫均无翅，头部、胸部、腹部的分界不明显，外形看来与若虫相似，有些只是个体比较大，而有些则是体色明显不同。

（1）康氏粉蚧　成虫：雌成虫椭圆形，淡粉红色，体长 5mm，宽 3mm，身被较厚的白色蜡粉。体缘有 17 对白色蜡刺，最后一对最长与体长接近。触角 8 节。雄成虫，紫褐色，体长 1.1mm 左右，前翅发达透明，后翅退化为平衡棒，翅展约 2mm。尾毛较长。

卵：椭圆形，浅橙黄色附有白色蜡粉，产于白色棉絮状卵囊内。长 0.3 ～ 0.4mm，宽 0.17mm。

若虫：体长 0.5 ～ 1.7mm，淡黄色至紫褐色，二龄若虫体被白色蜡粉，体缘出现蜡刺。

（2）葡萄粉蚧　成虫：雌成虫，椭圆形，淡紫色身被白色蜡粉，体长 4.5 ～ 4.8mm，宽 2.5 ～ 2.8mm，触角 8 节。雄成虫，体长 1 ～ 1.2mm，灰黄色，翅透明，在阳光下有紫色光泽，触角 10 节。各足胫节末端有 2 个刺，腹末有 1 对较长的针状刚毛。

卵：椭圆形，淡黄色，长 0.32mm，宽 0.17mm。

若虫：体长 0.5mm，淡黄色，触角 6 节，上面有很多刚毛。体缘有 17 对乳头状突起，腹末有 1 对较长的针状刚毛。蜕皮后，虫体逐渐增大，体上分泌出白色蜡粉，并逐渐加厚。体缘的乳头状突起逐渐形成白色蜡毛。

（3）东方盔蚧　雌成虫：体长 3.5 ～ 6.0mm，宽 3.5 ～ 4.5mm，扁椭圆形，黄褐色或红褐色。体背中央有 4 纵排断续的凹陷形成 5 条隆脊。

卵：长椭圆形，淡黄色，微覆蜡质白粉，近孵化时呈粉红色。长 0.5 ～ 0.6mm，宽 0.25mm。

若虫：扁椭圆形至椭圆形，体长 0.3mm，淡黄色至黄褐色，越冬二龄若虫体赭褐色，体外有 1 层极薄蜡层，虫体周边锥形刺毛达 108 条。

■ 传播途径

嫁接所用枝芽、苗木交易中传播为主。

■ 发生规律

介壳虫繁殖能力强，还可进行孤雌繁殖，繁殖量大。康氏粉蚧一年发生3代，每雌产卵200～400粒；葡萄粉蚧一年发生3代，每雌产卵109～272粒；东方盔蚧一年发生2代，每雌产卵1400～2700粒。卵孵化为若虫，经过短时间爬行，营固定生活，即形成介壳。

（1）康氏粉蚧　以卵在树枝蔓缝隙及树干基部附近石、泥缝处越冬，来年葡萄萌芽时卵孵化。第一代若虫盛发期为花前危害枝干，第二代为花后至套袋前危害幼果，第三代为转色至成熟期危害果实。

（2）葡萄粉蚧　以若虫在主干老蔓翘皮下、缝隙及树干基部附近石、泥缝处越冬，来年3月中下葡萄萌芽时开始活动危害，5月中旬第1代卵盛期；第1代雌成虫6月中旬出现，7月中旬第2代卵盛期；第2代雌成虫月8月中旬出现，9月中旬第3代卵盛期。10月上中旬迁移至越冬处。

（3）东方盔蚧　以二龄若虫在枝蔓缝隙及阴面、叶痕越冬，随气温升高，越冬若虫爬至1～2年生枝条或叶上。4月下旬雌虫体背膨大并硬化，5月上旬开始产卵于体下介壳内。

图4-3　介壳虫危害症状

a. 粉蚧分泌物污染叶状；b. 果实上粉蚧；c. 枝干上粉蚧；d. 粉蚧所产白色棉絮状蜡粉等污染果实；e. 新梢上粉蚧

5月下旬至6月上旬若虫孵化，爬至叶背或叶柄危害。6月中旬二龄若虫转移至枝蔓、穗轴、果粒上危害。8月中旬第2代若虫孵化先在叶背上危害，9月发育成二龄若虫后转移至枝蔓越冬。

■ 危害症状

葡萄出土或开始萌动，雌成虫、若虫吸附在枝干、叶片和果实上把口器刺入植物体内，吸取汁液，受害叶片常呈现黄色斑点，严重者失绿，提早脱落，大量排出蜜露产生杂菌污染，导致烟煤病发生，影响叶片光合作用，有的影响树势和枝条成熟。树势衰退，最后全株枯死。果实被粉蚧危害时，出现大小不等的褐色斑点、黑点或黑斑，危害处该虫分泌白色棉絮状物污染果面，使果实失去食用和利用价值。

■ 防治方法

（1）植物检疫　介壳虫常固着寄生，虫体微小，主要靠寄主枝条、接穗、果品甚至树干携带而远距离传播。因此，对苗木、接穗和果品的采购、调运过程和保护区都应实施检疫，以防传播蔓延。防风林不能栽种刺槐等寄主植物。

（2）农业防治　深秋初冬雨后剥除老皮，减少越冬虫卵。尽早定梢绑蔓，防止枝叶过密或重叠，以免给粉蚧创造适宜环境。深秋初冬和产卵盛期人工剥除主干、老蔓上的老皮，结合冬季整形修剪，把虫枝集中深埋，减少越冬虫口基数。

（3）生物防治　各地都有一些保护利用自然天敌，如防治葡萄粉蚧时保护好跳小蜂和黑寄生蜂。防治东方盔蚧时注意保护黑缘红、瓢虫等。

（4）物理和机械防治　初发现虫时，人工刷抹有虫枝蔓。介壳虫短距离扩散蔓延主要靠初孵若虫爬行，此时采用枝干涂黏虫胶或其他阻隔方法，可阻止扩散，消灭绝大部分若虫。黏胶用10份松香、8份蓖麻油和0.5份石蜡配制而成，将它们按比例混在一起，加热溶化后即可使用，黏性一般可维持15d左右。

（5）化学防治　休眠期防治：在深秋落叶后、芽绒球期，喷洒3～5°波美度石硫合剂或强力清园剂600～800倍液，对介壳虫有较好的防治效果。化学防治应抓住两个关键防治时期，初龄若虫爬动期或雌成虫产卵前是第1个防治适期，卵孵化盛期是第二个防治适期，如粉蚧在花序分离期至开花前是防治第1代的关键时期。选用正式登记杀虫剂进行防治。药剂有24%螺虫乙酯3000倍液，或20%啶虫脒+15%哒螨灵混合剂喷雾。

---

4 金龟子

金龟子是鞘翅目金龟总科（*Scarabaeoidea*）的通称。幼虫称为蛴螬，该害虫为杂食性，除危害葡萄外，还危害其他果树和林木（翟洪民，2010）。成虫咬食叶片成网状孔洞和缺刻，严重时仅剩主脉，群集危害时更为严重。常在傍晚至晚上10时咬食最盛。幼虫生活在土中，主要危害苗期植株根部。主要危害葡萄叶片有斑喙丽金龟关、铜绿金龟子、东方金龟子、苹毛金龟子、大黑金龟子、四纹丽金龟子，白星花金龟主要危害葡萄成熟果实，小青花金龟子危害花器、幼芽和嫩叶，秋季常群集危害果实，近成熟的伤果上常数头群集危害。

■ 形态特征

成虫体长 17 ～ 24mm，宽 9 ～ 12mm。古铜色或青铜色，有光泽，前胸背板分布不规则云片状灰白绒斑；前胸背板后角与鞘翅前缘角之间有 1 个三角片很显著。腹部 1 ～ 5 腹板两侧有白绒斑；膝部有白绒斑。卵为圆形至椭圆形，乳白色。幼虫称蛴螬，乳白色，有胸足 3 对，胴部乳白色，肛腹片上具有 2 纵列 "U" 形刺毛，体常弯成 "C" 形。

（1）斑喙丽金龟（*Adoretus tenuimaculata* Waterhouse）　成虫体长 9.4 ～ 10.5mm，宽 4.7 ～ 5.3mm。褐色或棕色。身体密被黄褐色披针形鳞片，较暗淡。鞘翅有成行的灰白色斑。卵为椭圆形，乳白色。头部棕褐色，有胸足 3 对，肛腹片后部的钩状，旬毛较少，排列均匀。

（2）铜绿金龟子（*Anomala corpulenta* Motsch）　成虫体长 18 ～ 21mm，宽 8 ～ 10mm。背面铜绿色，有光泽，前胸背板两侧为黄色。鞘翅有栗 色反光，并有 3 条纵纹突起。雄虫腹面深棕褐色，雌虫腹面为淡黄褐色。卵为圆形，乳白色。幼虫称蛴螬，乳白色，体肥，并向腹面弯成 "C" 形，有胸足 3 对，头部为褐色。

（3）华阿鳃金龟（*Apogonia chinensis* Moser）　成虫体长 7 ～ 8mm，宽 4 ～ 5mm，棕褐色。卵为圆形，棕褐色、黑褐色或栗褐色。头宽大，后头至唇基骤垂呈直角状，唇基横新月形，密布深大刻点，边缘微折翘。触角 10 节，鳃片部 3 节，短小。前胸背板短阔，宽为长

图 4-4　金龟子危害症状

a. 铜绿金龟子危害葡萄叶；b. 金龟子成虫；c. 白星花金龟成虫（许渭根 拍摄）；d. 白星花金龟成虫

的 1 倍多，密布椭圆刻点。小盾片三角形，中脊及端部 8 光滑崄两侧其布刻点。鞘翅侧缘前段弧扩，伴有向后渐增宽的膜边。臀板短小，丰粗大具毛刻点。前足胫节具 3 外齿。爪齿与爪几乎平行，其下缘与爪基下缘呈弧弯状。

（4）朝鲜黑金龟子（*Holotrichia diomphalia* Bates）　成虫体长 20 ～ 25mm，宽 8 ～ 11mm。黑褐色，有光泽，鞘翅黑褐色，两鞘翅会合处呈纵线隆起，每一鞘翅上有 3 条纵隆起线。雄虫末节腹面中部凹陷，前方有一较深的横沟；雌虫则中部隆起，横沟不明显。

（5）暗黑金龟子（*Holotrichia parallela* Motschulsky）　成虫体长 18 ～ 22mm，宽 8 ～ 9mm，暗黑褐色无光泽。鞘翅上有 3 条纵隆起线。翅上及腹部有短小蓝灰绒毛，鞘翅上有 4 条不明显的纵线。

（6）茶色金龟子（*Adoretus tennuimachlatus* Waterh）　成虫体长 10mm 左右，宽 4 ～ 5mm。茶褐色，密生黄褐色短毛。鞘翅上有 4 条不明显的纵线。

（7）白星花金龟（*Protaetia brevitarsis* Lewis）　近年来，白星花金龟逐渐成为葡萄生产中的重要害虫，常群聚危害葡萄花、嫩梢和果实，严重影响葡萄产量和品质。

白星花金龟成虫体长 16 ～ 24mm，宽 9 ～ 12mm，椭圆形。全体黑铜色，具古铜或青铜色光泽，前胸背板和鞘翅上散布众多不规则白绒斑，其间有 1 个显著的三角小盾片。腹部末端外露，臀板两侧各有 3 个小白斑。卵圆形至椭圆形，长 1.7 ～ 2.0mm，乳白色。幼虫体长 24 ～ 39mm，头部褐色，胸足 3 对，短小，胴部乳白色，肛腹片上具 2 纵 "U" 形刺毛，每列 19 ～ 22 根，体常弯曲呈 "C" 形。蛹体长 20 ～ 23mm，初黄白，渐变黄褐。

■ 传播途径

雌虫一般不飞翔，4 月中下旬开始交尾产卵。卵多产在草荒地、果园间作及绿肥地里，入土 10 ～ 20cm，呈块状。1 头雌虫一般一次产卵 1 ～ 23 粒，一生可产 9 ～ 78 粒，卵期约 9 ～ 20d。幼虫孵化后，取食植物幼根及腐殖质，幼虫期 55 ～ 60d，老熟幼虫在 30cm 左右深的土层作土室化蛹，10d 左右羽化。羽化后的成虫一般破出土室向上移动约 1cm 后，头部朝上安静越冬。铜绿金龟子最多产 40 粒，分批产、多散产，幼虫孵化后静伏 30 ～ 45min 方可爬行，1d 后可迁移活动。

■ 发生规律

金龟子每年多发生 1 代，少数 2 代，白星金龟子、四纹丽金龟子、铜绿金龟子以幼虫越冬；东方金龟子、大黑金龟子、苹毛金龟子都以成虫越冬。深度一般在 20cm 左右土层中化蛹，蛹期约 1 个月。当温度升至 10℃以上时，开始出土活动。成虫出土期，在 4 月上旬至 6 月中旬，盛期在 5 月上中旬。成虫出土与 4 月温度、降雨量有关，温度升高且有降雨，成虫大量出土。成虫有假死性和趋光性、趋化性。雄虫飞翔能力强，一般飞翔高度为 1.5 ～ 3m，最高飞 8m 左右，在树冠上取食危害。幼虫主要取食植物根部，发育至老熟便直接在土壤中越冬。

■ 危害症状

啃食植物根和块茎或幼苗等地下部分，为主要的地下害虫。危害植物的叶、花、芽及果实等地上部分。成虫咬食叶片成网状孔洞和缺刻，严重时仅剩主脉，群集危害时更为严重。白星花金龟成虫喜欢在果实伤口、裂果和病虫果上取食，常数头聚集在果实上，以枝条背上果居多，将果实啃食成空洞，引起落果和果实腐烂。常在傍晚至 22：00 咬食最盛。危害葡萄、梨、桃、李、苹果、柑橘等水果。

■ **防治方法**

（1）物理防治　利用金龟子成虫的假死性，早晚振落扑杀成虫。但白星花金龟在白天活动时假死性不明显，一旦惊落地面后立即飞走，在人工捕杀时，应趁其取食危害时，迅速用塑料袋将害虫连同果实套进袋内杀死。利用成虫趋光性，当成重大量发生时，利用黑光灯大量诱杀成虫。利用成虫趋化性，用糖醋药液装入可悬挂容器，加入 2 ～ 3 头成虫，每亩挂 4 ～ 10 个，诱杀成虫。如白星花金龟成虫对糖醋液趋性强的特点，在葡萄架面上挂矿泉水瓶等小口容器，内盛糖醋液（糖、醋、水的比例为 1：2：3），诱集成虫，待到田间的白星花金龟飞到瓶子上时，会在瓶口附近爬行，后掉入瓶中，等瓶子里的成虫快满后，及时把成虫倒出杀死，原来的糖醋液可以继续使用，要保持糖醋液量为瓶子容量的 1/3 ～ 1/2。瓶里放入 2 ～ 3 头白星花金龟，效果更佳。

（2）生物防治　利用性诱散发器诱杀雄虫。散发气的制作方法为用普通试管（18mm×30mm 或 15mm×20mm），或用塑料窗纱卷成 20mm×40mm 大小的圆筒，将雌成虫放入管或筒内里面放少量树叶或蕾、花，用细纱布封口，另将诱杀盆（脸盆）埋在果园中盆面与地面相平，盆内放水不要过满，水中加入少许洗衣粉。散发期挂在诱杀盆中央的水面上，早晨挂出，晚上收回。

（3）化学防治　在金龟子成虫盛发期，48% 毒死蜱乳油 1000 ～ 1200 倍液，或 52.25% 毒死蜱·氯氰乳油 1000 ～ 1500 倍液防治。早上或傍晚喷杀，采收前 15d 停用。土壤施药：用 50% 辛硫磷乳油 800 倍毒土，撒于树冠下。

5　十星瓢萤叶甲

十星瓢萤叶甲（*Oides decempunctata* Billberg）。属鞘翅目，叶甲科（李艳艳 等，2011）。在中国分布于吉林、河北、山西、陕西、甘肃、山东、河南、江苏、安徽、浙江、福建、广东、海南、广西、四川和贵州；国外据记载于朝鲜和越南（北部）。

■ **形态特征**

成虫：体长约 12mm，椭圆形，土黄色。头小隐于前胸下；复眼黑色；触角淡黄色丝状，末端 3 节及第 4 节端部黑褐色；前胸背板及鞘翅上布有细点刻，鞘翅宽大，共有黑色圆斑 10 个略成 3 横列。足淡黄色，前足小，中、后足大。后胸及第 1 ～ 4 腹节的腹板两侧各具近圆形黑点 1 个。成虫会分泌一种黄色液体，有恶臭，借以逃避敌害。卵：椭圆形，长约 1mm，表面具不规则小突起，初草绿色，后变黄褐色。幼虫：体长 12 ～ 15mm，长椭圆形略扁，土黄色。头小、胸足 3 对较小，除前胸及尾节外，各节背面均具两横列黑斑，中、后胸每列各 4 个，腹部前列 4 个，后列 6 个。除尾节外，各节两侧具 3 个肉质突起，顶端黑褐色。蛹。金黄色，体长 9 ～ 12mm，腹部两侧具齿状突起。

■ **传播途径**

幼虫老熟后钻入土中筑室化蛹。成虫羽化后飞迁至葡萄危害。

■ **发生规律**

在分布区内，浙江等南方每年发生 2 代，长江以北发生 1 代。以卵在枯枝落叶下或距植株 35cm 以内的表土中过冬，南方温暖的地方以成虫在葡萄等树皮的缝隙中越冬。2 代区，越冬卵 4 月中旬孵化，5 月下旬化蛹，6 月中旬羽化，8 月上旬产卵，8 月中旬至 9 月中旬 2 代卵孵化，9 月下旬羽化子，并产卵越冬，11 月成虫陆续死亡。1 代区，越冬卵 5 月下旬至 6 月上旬孵化，白天隐蔽，早晚在叶面上取食。6 月下旬老熟幼虫入土化蛹。7 月上旬羽化，8 月上旬至 9 月中旬产卵，每雌虫产卵子 700 ～ 1000 粒。

■ **危害症状**

成虫及幼虫均取食叶片，使叶片呈孔洞或缺刻状，或将叶片吃光只留叶脉和柄。危害幼芽，影响植株生长发育和产量。主要取食葡萄、野葡萄及乌敛莓等植物。是葡萄产区的重要害虫之一。

■ **防治方法**

（1）农业防治　秋末初冬及时清除葡萄园枯枝落叶和杂草，及时烧毁或深埋。

（2）物理防治　摘除初孵未分散的幼虫叶集中处理；利用其假死性，振落捕杀成虫及幼虫季。在化蛹期中耕灭蛹。

（3）化学防治　喷洒 2.2% 甲维盐乳剂 1500 倍液、10% 天王星乳油 6000 ～ 8000 倍液、2.5% 功夫乳油 3000 倍液。

---

6 斑衣蜡蝉

斑衣蜡蝉（*Lycorma delicatula*）。斑衣蜡蝉属同翅目蜡蝉科，杂食性，危害葡萄、梨、桃、李等果树（冯鹏，2012）。

■ **形态特征**

成虫体长约 20mm 左右，翅展约 45mm，触角 3 节红色，前翅革质灰褐色，翅面有 20 多块黑斑，后翅基部 1/3 处为红色，中部白色，端部黑色，体、前翅常披有白色蜡粉。若虫初孵化时白色，蜕皮后变黑色并有许多小白点，四龄后体背变红色，出现黑白相间的斑点，并生出翅芽。

■ **传播途径**

成虫和若虫均可跳跃，爬行较快，可迅速躲开人的捕捉。7 ～ 8 月发生较多，成虫多在夜间交尾活动，寿命可达 4 个月之久。成虫多将卵产在枝蔓或枝杈背阴面（有的向阳面），卵常成排，背覆以蜡粉，每产完一个卵块约需 23d，产完卵后成虫即死亡。

图 4-5 斑衣蜡蝉危害症状

■ **发生规律**

此虫每年发生一代，以卵块越冬，在浙江 4 月中下旬至 5 月上旬为孵化期，若虫常群集在幼枝和嫩叶背面危害，若虫期约 60d，经三次蜕皮，6 月中下旬至 7 月上旬出现成虫，8 月中开始交尾产卵，10 月下旬逐渐死亡。

■ **危害症状**

葡萄斑衣蜡蝉，在北方葡萄产区多有发生，零星危害。在黄河故道地区危害较重，此虫以成虫、若虫群居在叶背、嫩梢上以刺吸口器吸食汁液危害，一般不造成灾害，但其排泄物可造成果面污染，嫩叶受害常造成穿孔或叶片破裂。

■ **防治方法**

（1）清园　冬季结合剪枝铲除卵块。

（2）化学防治　若虫大量发生期喷药防治，可喷的药有：10% 吡虫啉 2000 ～ 3000 倍液或噻虫嗪 6000 ～ 7500 倍液或 2.5% 溴氰菊酯 2000 ～ 3000 倍液。

■ **形态特征**

葡萄缺节瘿螨成虫体很小，雌成螨体长 100 ～ 300μm，宽约 54μm，体白色或浅灰色，圆锥形，近头部有 2 对软足，头胸背板具网状花纹三角形，背中线长为背板长之 1/3，略呈波纹，亚背线数条，背毛瘤小，位于板后缘前方，背毛长缩小，背毛长约 0.019mm。腹部细长，约有 70 ～ 80 个节环纹组成。其环纹又由许多暗色长椭圆形瘤排列而成。卵：淡黄色，圆形或椭圆形，直径 30μm。

7 葡萄缺节瘿螨

葡萄缺节瘿螨（*Colomerus vitis* Pagenstecher）。又叫葡萄潜叶壁虱、葡萄锈壁虱等（鲁素玲等，1990），主要分布在中国、伊朗、美国、智利、以色列、巴西及欧洲。我国北方葡萄产区多有发生。

■ **传播途径**

接触传染；通过带虫种苗、繁殖枝芽和农业机械传播。

■ **发生规律**

一年发生 3 代，以成螨在芽鳞的绒毛、枝蔓的粗皮缝等处潜伏越冬，其中以枝蔓下部或一年生嫩枝芽鳞下绒毛上虫量居多。翌年春天随葡萄芽萌动，缺节瘿螨从芽内爬出，迁移至嫩叶背面绒毛间潜伏，不侵入组织，自叶内吸取养分，刺激叶片绒毛增多。毛毡状物是葡萄上表皮组织受瘿螨刺激后肥大变形而成，对瘿螨具保护作用。

雌成螨在 4 月中下旬开始产卵，后若螨和成螨喜在嫩叶上危害。一年中以 5～6 月和 9 月间危害重。盛夏常因高温多雨对其发育不利，虫口略有下降，进入 10 月中旬开始越冬。

■ **危害症状**

叶片受害：处正面凸起，叶背部下陷，在叶背下陷处生白色绒毛似毛毡状，故称毛毡病。后期叶背茸毛变黄褐，最后干枯变褐色。严重时嫩梢、卷须及幼果均可受害，影响叶片正常发育。叶片受害严重时全叶皱缩伸展不开，甚至枯死。此虫全年均可危害，主要危害嫩叶，在春季及晚秋均有新被害状发生。花序受害：集中在花序轴和花柄上，表现出典型的毡毛，也会发生在幼果及花器上形成毡毛。芽与梢受害：使芽轴坏死，嫩芽细小呈锯齿形其基部节间短小等症状；梢也变短小，呈灌丛状。

图 4-6　葡萄缺节瘿螨危害症状

■ **防治方法**

（1）农业防治　防止苗木传播。从病区引苗必须用温汤消毒，先用 30～40℃热水浸 5～7min，再用 50℃热水浸泡 5～7min 可以杀死潜伏瘿螨。剥除老皮与病叶一起烧毁。生长初期摘除被害叶。或苗木地上部分用 3～5 波美度石硫合剂中浸泡 2min。

（2）生物防治　利用天敌防治，Khederi 等在伊朗西部葡萄园发现该害虫的天敌有：草蛉、七星瓢虫、多异瓢虫、深点食螨瓢虫、智利小植绥螨等。10% 浏阳霉素乳油 1000 倍液或 99% 矿物油 200 倍液，田间连续喷洒 2 次。

（3）化学防治　葡萄绒球期喷洒 3～5 波美

度石硫合剂或 45% 晶体石硫合剂 30 ～ 50 倍液；上一年危害严重的二叶一心期期，落花后、果实着色期等防治关键时期。喷 15% 哒螨酮乳油 3000 ～ 4000 倍液或 24% 螺虫乙酯 3000 倍液或 5% 尼索朗乳油 1600 ～ 2000 倍液。

8 绿盲蝽

绿盲蝽（*Lygocoris lucorum* Meyer-Dur），又名花叶虫，属半翅目盲蝽科。这几年随着气候变暖和转基因抗虫棉的大面积推广，化学农药使用减少（张珣 等，2014），绿盲蝽在逐年增加。

■ 形态特征

绿盲蝽成虫能跳跃、会飞翔、昼伏夜出、行动敏捷的盲蝽科刺吸式口器害虫。体长 5.0mm，宽 2.2mm，绿色，密被短毛。头部三角形，黄绿色，复眼黑色突出，无单眼，触角 4 节丝状，较短，约为体长 2/3，第 2 节长等于 3、4 节之和，向端部颜色渐深，1 节黄绿色，4 节黑褐色。前胸背板深绿色，布许多小黑点，前缘宽。小盾片三角形微突，黄绿色，中央具 1 浅纵纹。前翅膜片半透明暗灰色，余绿色。足黄绿色，肠节末端、财节色较深，后足腿节末端具褐色环斑，雌虫后足腿节较雄虫短，不超腹部末端，附节 3 节，末端黑色。卵长 1.0mm，黄绿色，长口袋形，卵盖奶黄色，中央凹陷，两端突起，边缘无附属物。若虫 5 龄，与成虫相似。初孵时绿色，复眼桃红色。二龄黄褐色，三龄出现翅芽，四龄超过第 1 腹节，二至四龄触角端和足端黑褐色，五龄后全体鲜绿色，密被黑细毛；触角淡黄色，端部色渐深。眼灰色。

■ 传播途径

绿盲蝽成虫飞翔、若虫爬行传播，先在葡萄萌芽与展叶期危害，再危害幼果。后转移到豆类、玉米、蔬菜、杂草等危害。

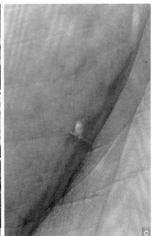

图 4-7　绿盲蝽危害症状
a. 绿盲蝽危害叶；b. 绿盲蝽危害幼果；c. 绿盲蝽

■ 发生规律

绿盲蝽以卵越冬，越冬卵主要产在葡萄芽鳞内，占越冬卵总量的98%，极少量产于葡萄枯枝、落叶内。绿盲蝽出现早，早春葡萄绒球吐绿开始绿盲蝽卵同步孵化，当日均气温在10℃以上时绿盲蝽从卵孵化成若虫，第一件事就是寻找吃的，这个时期葡萄叶片在芽鳞苞内处于重叠状态，绿盲蝽一刺到底，由于绿盲蝽唾液里含有毒素，凡是口器所过之处，未来长成的叶片全是孔洞。葡萄发芽伊始即开始受害直至6月初葡萄大幼果期均可危害，春季温暖、潮湿。20～30℃，相对湿度80%～90%，持续时间长，危害重，症状隐蔽，害虫白天潜伏，傍晚和清晨开始危害，时间几乎长达两月之久，直到葡萄幼果果皮老化。症状隐蔽受害伊始症状轻微，随着葡萄的生长发育，症状越来越明显。尤其是业主多大的主栽区，栽培模式不一造成难防难治，绿盲蝽在葡萄上的危害程度与品种有关，'红宝石无核'和'金手指''玉手指'等葡萄品种上的危害早于'巨峰'系品种。

绿盲蝽一年发生4～5代，在葡萄整个生育期均有发生，1～2代为主要危害代。绿盲蝽的发生与葡萄的生长发育有关，北方地区葡萄园内第1代若虫孵化高峰为4月下旬，此时正是葡萄萌芽期，1代若虫取食危害葡萄嫩芽。第2代若虫于6月上旬即葡萄花期至幼果期达到孵化高峰，危害葡萄的花序、幼果，2代成虫羽化后开始部分转移到附近杂草、果园、苗圃等植物上危害，部分仍留在葡萄园取食危害。第3～4代成虫仍有部分转移扩散至园外危害，因修剪和清理副梢及喷洒药剂等原因，园内虫量较少，对葡萄造成的危害较轻。第5代成虫于9月下旬开始大量迁回葡萄园产卵越冬，发生数量多，且持续时间较长，从9月中旬一直到11月上中旬均有成虫发生。

绿盲蝽世代重叠现象严重，主要转移到豆类、玉米、棉花、蔬菜等作物上危害。成虫寿命最长可达45d，飞行力极强，行动活泼，日夜均可活动，但夜晚活泼，白天多在叶背、叶柄等隐蔽处潜藏或爬行，清晨和夜晚爬到叶芽及幼果上刺吸危害，稍受惊动，迅速爬迁，不易发现，防治困难。若虫有避光性，昼伏夜出，阴雨天可全天取食。

■ 危害症状

以成、若虫刺吸葡萄幼芽、嫩叶、花蕾和幼果，并分泌毒质使危害部位细胞坏死或畸形生长。嫩叶被害后先出现枯死小点，后变成不规则的孔洞（似黑痘病危害后期症状）；花蕾受害后即停止发育，枯萎脱落；受害幼果先呈现黄褐色后呈黑色，皮下组织发育受阻，严重时发生龟裂，影响外观品质和产量。

■ 防治方法

（1）农业防治　剥除老皮，清除周边棉田棉枝叶和杂草，清园消毒，减少越冬虫源。

（2）物理防治　利用该虫趋光性，每4hm²果园挂一台频振式杀虫灯诱杀成虫。

（3）化学防治　栽种指示品种如'玉手指'或'红宝石无核'或'金手指'，一出现危害立即用药防治。根据害虫危害习性，适宜在太阳落山后傍晚或在太阳未出现前的清晨喷药防治；因其具有很强的迁移性，同一栽培模式的葡萄园区不同业主应统一时间、统一用药。早春葡萄芽绒球期，全树喷施1次3～5波美度的石硫合剂，消灭越冬卵及初孵若虫。越冬卵孵化后，抓住越冬代低龄若虫期，适时进行化学防治。常用药剂有：10%吡虫啉粉剂、3%

啶虫脒乳油、2.5% 溴氰菊酯乳油、5% 顺式氯氰菊酯等。连喷 2 ~ 3 次，间隔 7 ~ 10d。喷药一定要全树喷细致、周到，对树干、地上杂草及行间作物全面喷药，以达到较好的防治效果。

9 葡萄透翅蛾

葡萄透翅蛾（*Paranthrene regalis* Butler）。又称钻心虫，属鳞翅目透翅蛾科（耿国勇 等，2013）。幼虫蛀食新梢、叶柄、穗轴等部位，以危害新梢为主。被害新梢枯萎死亡，严重影响葡萄正常生长和结果。到冬季修剪时，由于葡萄生长后期部分老熟幼虫已蛀入2年生枝甚至老蔓，被害部位有的会凸出，被害枝前端出现枯死现象。

■ 形态特征

成虫：体长约 20mm，翅展 30 ~ 36mm，体蓝黑色。头顶。颈部、后胸两侧以及腹部各节联接处呈橙黄色，前翅红褐色，翅脉黑色，后翅膜质透明，腹部有 3 条黄色横带，雄虫腹部末端有一束长毛。卵：长椭圆形，略扁平，红褐色，长约 1mm。幼虫：共 5 龄。老熟幼虫体长 38mm 左右，头红褐色，口器黑色，胸腹部黄白色，老熟时带紫红色。前胸背板有倒"人'形纹，前方色淡。蛹：体长 18mm 左右，红褐色。纺锤形。

■ 传播途径

以老熟幼虫在葡萄枝蔓内越冬。幼虫有转移危害习性，一般在 7 ~ 8 月转移 1 ~ 2 次。成虫飞翔危害传播。

■ 发生规律

一般在开花期成虫羽化盛期，约 20d，羽化后即交尾产卵，每雌虫平均产卵 100 粒。散产于叶腋、叶柄、果穗、卷须、嫩芽等处，卵期 8 ~ 13d。在浙江一年发生 1 代，4 月下旬化蛹，5 月上中旬羽化为成虫。6 月中旬至 7 月上旬幼虫危害当年生嫩蔓，7 月中旬至 9 月下旬危害 2 年生以上老蔓。幼虫进入老熟阶段，继续向植株老蔓和主干集中，在其中短距离地往返蛀食髓部及木质部内层。使孔道加宽，并刺激危害处膨大成瘤，形成越冬室，老熟幼虫 11 月中下旬进入越冬阶段。

■ 危害症状

主要以幼虫蛀食嫩梢和 1 ~ 2 年生枝蔓，被害部位膨大，节间易折断，内部形成较长的孔道，妨碍树体营养的输送，使叶片枯黄脱落。该虫危害的最大特征是在蛀孔的周围有堆积的虫粪。

■ 防治方法

（1）农业防治 检查种苗、接穗等繁殖材料，查到有幼虫的植株集中粉碎。6 ~ 7 月间经常检查嫩枝，发现虫害枝及时剪杀。冬季修剪时，将虫害枝条剪掉粉碎，消灭越冬虫源。

（2）物理防治 利用害虫趋光性，挂黑光灯诱杀成虫。

图 4-8　葡萄透翅蛾

a. 杨渡冬剪时枝干虫害透翅蛾；b. 越冬幼虫；c. 成虫

（3）生物防治　成虫羽化期用性诱剂诱杀。

（4）化学防治　在粗枝上发现危害时，可从蛀孔灌入 80% 敌敌畏 100 倍液或 2.5% 敌杀死 200 倍液，然后用黏土封住蛀孔或用蘸敌敌畏的棉球将蛀孔堵死。成虫羽化期，即葡萄开花前、谢花后进行化学防治，选用 20% 氯虫苯甲酰胺（20% 康宽或 5% 普尊）2500 ～ 3000 倍或左旋氯氰菊酯 1500 倍液或 Bt 乳剂量 1000 倍液喷杀。

10 葡萄短须螨

葡萄短须螨（*Brevipoalpus lewisi* Mc Gregor），为蜱螨目细须螨科短须螨属的一种螨虫（许长新 等，2008）。该虫在中国北方分布较普遍，南方葡萄产区也有发生。

■ 形态特征

雌成：螨体微小，一般在 0.32mm×0.11mm，体赭褐色，眼点红色，腹背中央红色。体背中央呈纵向隆起，体后部末端上下扁平。背面体壁有网状花纹，背面刚毛呈披针状。4 对足皆粗短多皱纹，刚毛数量少，附节有小棍状毛 1 根。卵：大小为 0.04mm×0.03mm，卵圆形，鲜红色，有光泽。若虫：大小为 0.13～0.15mm×0.06～0.08mm，体鲜红色，有足 3 对，白色。体两侧前后足各有 2 根叶片状的刚毛。腹部末端周缘有 8 条刚毛，其中第三对为长刚毛，针状，其余为叶片状。后期体淡红色或灰白色，有足 4 对。体后部上下较扁平，末端周缘刚毛 8 条全为叶片状。

■ 传播途径

以雌成虫在老皮裂缝内、叶腋及松散的芽鳞绒毛内群集越冬。翌年 3 月中、下旬出蛰危害嫩芽，以成虫、若虫近距离爬行传播。也可通过苗、插条远距离传播。

■ 发生规律

全年以若虫和成虫危害嫩芽基部、叶柄、叶片、穗柄、果梗、果实和副梢。10 月下旬逐渐转移到叶柄基部和叶腋间，11 月下旬进入隐蔽场所越冬。在葡萄不同品种上，发生的密度不同，易受危害的品种如'新雅''蜜光''玫瑰香''佳利酿'等。而叶茸毛密而长或茸毛少、很光滑的品种上数量很少，如'龙眼''红富士'等品种。葡萄短须螨的发生与温湿度有密切关系，平均温度在 29℃，相对湿度在 80%～85% 的条件下，最适于其生长发育。因此，7～8 月的温湿度最适合其繁殖，发生数量最多。

■ 危害症状

葡萄短须螨仅危害葡萄。以成螨、若螨和幼螨危害葡萄的嫩梢、叶片、果穗等。叶片受害后，由绿色变成淡黄色，然后变红，最后焦枯脱落。叶柄、穗轴、新梢等受害后，表面变为黑褐色，质地变脆，极易折断。果实受害，果面呈铁锈色，表皮粗糙龟裂，果实含糖量大减、酸度很高，影响果实着色和品质。

■ 防治方法

（1）农业防治　刮除或剥除老翘皮，集中深埋，消灭越冬雌成虫。

（2）化学防治　新引进苗木消毒防治，定植前用 3 波美度石硫合剂浸泡 3～5min，晾干后再定植；春季冬芽萌动时，喷布 3～5 波美度石硫合剂或 600～800 倍强力清园剂。5～8 月，用 15% 哒螨灵 2000 倍液，或 20% 哒螨酮可湿性粉剂 3000 倍液或 10% 浏阳霉素乳油 1000 倍液或 24% 螺螨酯乳油 3000～5000 倍液，消灭卵和虫。

图 4-9　短须螨危害症状

a. 短须螨危害叶反面症状；b. 维多利亚短须螨危害状；c. 短须螨危害叶正面症状；d. 短须螨危害果梗

11　斑叶蝉

斑叶蝉（*Erythroneura apicalis* Nawa）。属半翅目叶蝉科。中国葡萄产区均有发生。寄主于葡萄、苹果、梨、桃花卉（王惠卿 等，2004）。

■ 形态特征

成虫：体长 2～2.5mm，连同前翅 3～4mm，前翅翅面有淡褐色斑纹。复眼黑色，头顶有两个黑色圆斑。前胸背板前缘，有 3 个圆形小黑点。小盾板两侧各有一三角形黑斑。

卵：黄白色，长椭圆形，稍弯曲，长0.7mm。若虫：初孵化时白色，后变黄白或红褐色，体长2.5mm，呈菱形。

■ **传播途径**

露天栽培，先危害葡萄园附近梨桃等果树叶，等葡萄展叶后转移到葡萄植株上危害并产卵。成虫飞越传播。

■ **发生规律**

一年发生3～4代，以成虫在葡萄园附近的石缝、杂草中越冬。浙江等长三角地区，3月中下至4月上旬葡萄萌芽时开始出蛰活动，先在嫩叶背面取食，4月中旬产卵于叶柄和叶脉组织内，外留褐色刻痕。第1代成虫期在5～6月，第2代成虫期在6～7月，第3代成虫期在8～9月，后期世代重叠，10月下旬以后成虫陆续开始越冬。葡萄品种之间也有差别，一般叶背面绒毛少的欧洲种受害重，绒毛多的美洲种受害轻。

■ **危害症状**

别名葡萄二星叶蝉、葡萄二点叶蝉、葡萄二点浮尘子 *Erythroneura apicalis*(Nawa)，属半翅目叶蝉科。以成虫、若虫聚集在叶的背面吸食汁液，被害处形成针头大小的白色斑点，后连成片，整个叶片失绿苍白，导致早期落叶，对花芽分化及果实、新梢成熟均有影响，虫粪排泄果面，使果实污染。

■ **防治方法**

（1）农业防治　加强田间管理，改善通风透光条件。秋后、春初彻底清扫园内落叶和杂草，减少越冬虫源。

（2）物理防治　采用黄板诱杀，每亩挂20～30块（20～40cm佳多黄板）于葡萄架上，每隔10～30d涂黏虫胶1次。

（3）化学防治　抓两个关键时期，一是发芽后（防治越冬成虫关键时期），二是开花前后（防治第1代若虫关键时期）。喷洒10%吡虫啉2000倍液或5%啶虫脒3000倍液或20%氰戊菊酯乳油3000倍液或10%歼灭3000倍液。要注意要注意栽培模式相同园区统一施药，喷雾均匀、周到、全面，同时注意喷防葡萄园周围的林带、杂草。

图4-10　斑叶蝉危害状及防治

a. 斑叶蝉危害叶症状；b. 病虫害物理防治（果子将成熟用黄板诱杀斑叶蝉）

12 粉虱类

危害葡萄的粉虱主要有温室白粉虱和烟粉虱两种，属同翅目粉虱科（温季云，1992）。是20世纪70年代传入的一种害虫，危害葡萄、苹果和柿等果树。开始认为此虫只能在温室内繁殖危害，但近几年在河北昌黎庭院内已经成为一种大害虫，在室外已经可以自然过冬，成为葡萄重要害虫。

■ 形态特征

（1）烟粉虱（*Bemisia tabaci*）　成虫：体淡黄白色，雌成虫体长 0.91mm，成虫体长 0.8mm。翅及胸背披白色蜡粉，停息时翅合拢成屋脊状。卵：长 0.2mm，长椭圆形，基部有柄，初产淡黄绿色，近孵化时变褐。若虫：体长 0.8mm，淡绿，体缘无蜡丝。

（2）温室白粉虱（*Trialeurodes vapoariorum*）　成虫：体淡黄色，雌成虫体长 0.99～1.06mm，成虫体长 0.8mm。翅膜质披白色蜡粉。前翅脉一条，中部多分叉，翅外缘有一排不颗粒，停息时翅合拢成屋脊状但较平展。卵：椭圆形，初产淡黄色，后变紫黑色，长 0.2～0.26mm；若虫：共 3 龄，椭圆形，体缘有蜡丝。

（3）黑刺粉虱（*Aleurocanthus spiniferus*）　成虫：体小，橙黄色，体表披有粉状蜡质物；前翅紫褐色，上有 7 个白斑。卵：香蕉形，初孵乳白色孵化前紫褐色。若虫：长椭圆形，初孵体乳黄色能爬行，固定后变为黑色，背面出现白色蜡线呈"八"字形，背侧生出黑色粗刺，四周出现白色蜡圈。蛹：近椭圆形，初乳黄色后变黑色，壳黑色有光泽，周缘白色蜡圈明显。

■ 传播途径

白粉虱的成虫虫体很小，常群居在葡萄叶反面，动摇叶片后成群飘动。在温室中，白粉虱每年产生十余代，世代重叠现象明显，白粉虱冬季在露地不能生存，但能在温室内持续存活。黑刺粉虱成虫飞行、若虫爬行传播。

■ 发生规律

白粉虱各种虫态在葡萄植株上呈显明的塔状分布，最上部的嫩叶成虫群居并产下大量粉笔沫状淡黄色或白色的卵，逐级向下，叶片上卵变成玄色，中部叶片多是初龄若虫，向下为老龄若虫，最下部叶片上主要是蛹和蛹壳。因为设施内天敌数目很少，所以对白粉虱的天然克制作用很小。

黑刺粉虱长三角一带 1 年发生 4 代，以若虫在葡萄叶背越冬，来年 3 月化蛹，3 月下旬至 4 月中旬羽化产卵于叶背。杭州第 1

图 4-11　葡萄白粉虱

代若虫发生盛期 4 月中旬至 6 月，第 2 代于 6 月下旬至 7 月中旬，第 3 代于 7 月中旬至 9 月上旬，第 4 代于 10 月中旬至翌年 2 月越冬。

■ 危害症状

春季葡萄萌芽后，粉虱类开始危害葡萄，以成虫、若虫聚集叶背、果实和嫩枝上吸汁危害，并排出蜜露引起煤烟病发生，被害叶失绿，影响光合作用，提早脱落。粉虱在叶片上产卵，卵孵化成若虫后，在叶片上找到恰当的吸食部位后便伏定在叶片背面吸食，虫口密度大时，中下部叶片会充满若虫。若虫、成虫分泌大量蜜露于葡萄叶片和果实表面，而常诱发煤污病，影响叶片的光配合用和果实外观。烟粉虱还传播多种病毒病。

■ 防治方法

（1）农业防治　根据该虫喜郁蔽环境的特点，尽早定梢绑蔓改善通风透光条件。在棚通风口及窗安装防虫网杜绝虫源。白粉虱以成虫在温室瓜菜上或温室内的枯枝落叶上越冬，及时打扫棚内的枯枝落叶，集中深埋毁灭越冬虫源。利用成虫有趋黄性，距离架面 10cm 左右高度悬挂黄色黏虫板。

（2）生物防治　利用其天敌丽蚜小蜂，蜂：虫口比为 2 ～ 3：1，10d 左右放 1 次，连续 2 ～ 3 次，对若虫较好防治效果；5 月中旬用韦伯虫座孢菌枝分别挂于植株四周，每平方米 5 ～ 10 枝；也可用韦伯虫座孢菌菌粉（每毫升含 1 亿个孢子量）0.5 ～ 10kg 喷施。

（3）化学防治　扣棚后使用 12% 哒螨·异丙威烟剂或 20% 异丙威烟剂进行烟熏，消灭棚内越冬虫源。在卵孵化盛期用噻虫嗪水分散剂 6000 ～ 7500 倍液或 10% 吡虫啉可湿性粉剂 1000 ～ 1500 倍液喷杀。

---

13 天 蛾

天蛾是鳞翅目（*Lepidoptera*）天蛾科（*Sphingidae*）昆虫的统称。危害葡萄为主。

■ 形态特征

成虫：体长 45mm 左右、翅展 90mm 左右，体肥大呈纺锤形，体翅茶褐色，背面色暗，腹面色淡，近土黄色。体背中央自前胸到腹端有 1 条灰白色纵线，复眼后至前翅基部有 1 条灰白色较宽的纵线。复眼球形较大，暗褐色。触角短栉齿状，背侧灰白色。前翅各横线均为暗茶褐色，中横线较宽，内横线次之，外横线较细呈波纹状，前缘近顶角处有 1 暗色三角形斑，斑下接亚外缘线，亚外缘线呈波状，较外横线宽。后翅周缘棕褐色，中间大部分为黑褐色，缘毛色稍红。翅中部和外部各有 1 条暗茶褐色横线，翅展时前、后翅两线相接，外侧略呈波纹状。卵：淡绿色，孵化前淡黄绿色。球形、直径 1.5mm 左右，表面光滑。幼虫：老熟时体长 80mm 左右，绿色，背面色较淡。体表布有横条纹和黄色颗粒状小点。头部有两对近于平行的黄白色纵线，分别于蜕裂线两侧和触角之上，均达头顶。胸足红褐色，基部外侧黑色，端部外侧白色，基部上方各有 1 黄色斑点。前、中胸较细小，后胸和第一腹节较粗大。第八腹节背面中央具 1 锥状尾角。胴部背面两侧（亚背线处）有 1 条纵线，第二腹节以前黄

图 4-12　葡萄天蛾形态及危害状
a. 葡萄天蛾幼虫；b. 葡萄天蛾；c. 天蛾成虫取食叶片；d. 天蛾幼虫取食叶片

白色，其后白色，止于尾角两侧，前端与头部颊区纵线相接。中胸至第七腹节两侧各有 1 条由前下方斜向后上方伸的黄白色线，与体背两侧之纵线相接。第 1 ～ 7 腹节背面前缘中央各有 1 深绿色小点，两侧各有 1 黄白色斜短线，于各腹节前半部，呈 "八" 字形。气门 9 对，生于前胸和 1 ～ 8 腹节，气门片红褐色。臀板边缘淡黄色。化蛹前有的个体呈淡茶色。蛹：体长 49 ～ 55mm，长纺锤形。初为绿色，逐渐背面呈棕褐色，腹面暗绿色。足和翅脉上出现黑点，断续成线。头顶有 1 卵圆形黑斑。气门处为 1 黑褐色斑点。翅芽与后足等长，伸达第四腹节下缘。触角稍短于前足端部。第八腹节背面中央有 1 圆痕（尾角遗痕）。臀棘黑褐色较尖。气门椭圆形黑色，可见 7 对，位于 2 ～ 8 腹节两侧。

　　雀纹天蛾（*There japonica*）　成虫：体长 27 ～ 38mm，翅展 59 ～ 80mm，体棕褐色或绿褐色。前翅黄或灰褐色，后翅黑褐色。卵：淡绿色，短椭圆形，直径 1.1mm 左右。幼虫：体长 70mm 左右，有两种色型。浙江绿色型危害为主，全体绿色，背线明显，亚背线白色，背上均匀分布黄色小白点。蛹：长纺锤形，长 36 ～ 38mm。茶褐色，臀刺较尖，黑褐色。气门黑褐色。

■ 传播途径

成虫产卵、幼虫爬行传播。

■ 发生规律

每年发生 1 ～ 2 代。以蛹于表土层内越冬。在山西晋中地区，翌年 5 月底至 6 月上旬开始羽化，6 月中、下旬为盛期，7 月上旬为末期。成虫白天潜伏，夜晚活动，有趋光性，于葡萄株间飞舞，交配居上 24 ～ 36h 产卵，卵单粒散产于叶背或嫩梢上。6 月中旬田间始见幼虫，初龄幼虫体绿色。孵化后不食卵壳，多于叶背主脉或叶柄上栖息，夜晚取食，白天静伏，栖息时以腹足抱持枝或叶柄，头胸部收缩稍扬起，后胸和第一腹节显著膨大。受触动时，头胸部左右摆动，口器分泌出绿水。幼虫活动迟缓，梢叶片食完后再转移邻近梢。幼虫期 40 ～ 50d。7 月下旬开始陆续老熟入土化蛹，蛹期约 10d。8 月上旬开始羽化，8 月中、下旬为盛期，9 月上旬为末期。8 月中旬田间见第 2 代幼虫危害至 9 月下旬老熟入土化蛹冬。每雌一般可产卵 400 ～ 500 粒。成虫寿命 7 ～ 10d。

■ 危害症状

天蛾低龄幼虫取食叶片表皮，多将叶片咬成孔洞或缺刻。高龄后的大幼虫食量大增，可将叶片吃光仅残留叶柄，严重时常常食成光枝，削弱树势。

■ 防治方法

（1）农业防治 结合葡萄冬季埋土和春季出土挖除越冬蛹。

（2）物理防治 结合夏季摘心等工作，寻找被害状和地面虫粪捕捉幼虫。利用成虫的趋光性用黑光灯、频振式杀虫灯诱杀成虫。

（3）生物防治 保护利用螳螂、胡蜂、茧蜂等天敌。

（4）化学防治 幼虫期，选用 2.2% 甲维盐乳剂 1500 倍液或 20% 氯虫苯甲酰胺悬浮剂 3000 倍液或 5% 氟虫脲（卡死克）2000 倍液；虫口密度大时可选用 2.5% 三氟氯氰菊酯（功夫菊酯）乳油 2500 ～ 3000 倍液。

14 虎天牛

虎天牛（*Xylotrechus pyrrhoderus* Bates）。属鞘翅目天牛科。分布于上海、河南等。幼虫危害1年生枝，因横向切蛀，形成了一极易折断的地方，每年5～6月间会大量出现新梢凋萎的断蔓现象。对葡萄生产影响较大。

■ 形态特征

成虫：体长 15 ～ 28mm，头部黑色，体黑色，前胸红褐色，略呈球形；翅鞘黑色，两翅鞘合并时，基部有 "X" 形黄色斑纹。近翅末端又有一条黄色横纹。卵：椭圆形，乳白色，长 1mm 左右。幼虫：头甚小，无足，形似胡萝卜，淡黄白色，老龄幼虫体长约 17mm，前

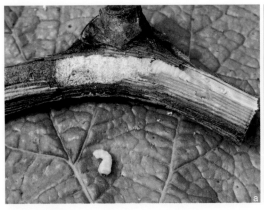

图 4-13　虎天牛
a. 幼虫；b. 成虫

胸背板浅褐色。蛹：长 10 ～ 15mm，全体浅黄色，复眼为浅红色。

■ 传播途径

成虫将卵产于新梢基部芽腋间或芽的附近。随带虫枝芽、种苗传播。

■ 发生规律

一年发生 1 代，以初龄幼虫在葡萄枝蔓内越冬。4 月中下旬开始蛀食；5 月间开始活动，继续在枝内危害，6 月幼虫老熟，在枝条的咬折断处化蛹。7 ～ 8 月间羽化为成虫产卵。

■ 危害症状

幼虫孵化后从葡萄芽部蛀入新梢木质部内纵向危害，虫粪充满蛀道，不排出枝外，故从外表看不到堆粪情况，这是与葡萄透翅蛾的主要区别。落叶后，被害处的表皮变为黑色，易于辨别。虎天牛以危害 1 年生结果母枝为主，有时也危害多年生枝蔓。

■ 防治方法

（1）农业防治　生长期，根据出现的枯萎新梢，在折断处附近寻杀幼虫。冬季修剪时，将危害变黑的枝蔓剪除烧毁，以消灭越冬幼虫。

（2）物理防治　成虫发生期，注意捕杀成虫。

（3）化学防治　幼虫孵化初期，可喷 2.5% 三氟氯氰菊酯（功夫菊酯）乳油 2500 ～ 3000 倍液或 50% 辛硫磷 1000 ～ 1500 倍液防治。

15 斜纹夜蛾

斜纹夜蛾（*Spodoptera litura* Fabricius）。属鳞翅目夜蛾科，危害99科近300种植物的叶片，是一种间歇性猖獗危害、杂食性害虫。

■ 形态特征

成虫：体长 14 ～ 20mm 左右，翅展 35 ～ 46mm，全体暗褐色，胸部背面披白色丛毛，

图 4-14　斜纹夜蛾

a.斜纹夜蛾危害葡萄果实；b.斜纹夜蛾；c.斜纹夜蛾性诱剂

前翅花纹多、灰褐色，外横线和内横线白色、呈波浪状，因中间有白色斜阔条纹，所以称它为斜纹夜蛾。卵：扁平的半球状，先黄白色后暗灰色，块状黏合上披覆黄褐色绒毛。

幼虫：体长 33 ～ 50mm，头部黑褐色，胴部颜色各异，体表散生小白点，背有近似三角形的黑斑每节 1 对。夏秋虫口密度大时体瘦，黑褐或暗褐色；冬春数量少时浅黄绿或浅灰绿色。

蛹：红褐色，圆筒形，长 15 ～ 20mm，尾部有 1 对短刺。

■ 传播途径

成虫飞行传播，幼虫以爬行或吐丝下附转移危害。以蛹在土中蛹室内越冬，少数以老熟幼虫在土缝、枯叶、杂草中越冬。每只雌蛾能产卵 3 ～ 5 块，每块约有卵位 100 ～ 200 个，卵多产在叶背的叶脉分叉处，经 5 ～ 6d 就能孵出幼虫，初孵时聚集叶背。南方冬季无休眠现象。发育最适温度为 28 ～ 30℃，不耐低温，长江以北地区大都不能越冬。各地发生期的迹象表明此虫有长距离迁飞的可能。卵多产于叶片背面。幼虫共 6 龄，有假死性。四龄后进入暴食期，猖獗时可吃尽大面积寄主植物叶片，并迁徙他处危害。天敌有小茧蜂、广大腿蜂、寄生蝇、步行虫，以及多角体病毒、鸟类等。

■ 发生规律

在浙江 1 年发生 5 代，6 ～ 11 月间，有世代重叠现象。以蛹在土下 3 ～ 5mm 处越冬。

成虫在夏秋季大量发生，白天潜伏在叶背或土缝等阴暗处，夜间出来活动。每只雌蛾产卵3～5块，每块100～200个卵位，多产于叶背的叶脉分叉处，经5～6d孵出幼虫，初孵时聚集叶背取食叶肉，二至三龄分散危害，四龄以后和成虫一样，白天躲在叶下土表处或土缝里，傍晚后爬到植株上取食叶片。南方冬季无休眠现象。

4. 危害症状

斜纹夜蛾主要以初孵幼虫时群集叶背啃食后留存透明上表皮似纱窗状。三龄后分散危害叶片，造成叶片缺刻、残缺不堪甚至全部吃光，蚕食花蕾造成缺损，容易暴发成灾。发生严重时危害嫩茎和幼果。其食性既杂又危害各器官，老龄时形成暴食，是一种危害性很大的害虫。

5. 防治方案

（1）农业防治　清除杂草，结合田间作业可摘除卵块及幼虫扩散危害前的被害叶律，集中处理。

（2）物理防治　利用成虫有强烈的趋化性和趋光性，可采用黑光灯或糖醋液诱杀。

（3）生物防治　性诱剂诱杀防治效果好；低龄幼虫用苜蓿夜蛾多角体病毒（奥绿一号）600～800倍液、苏云菌杆菌（生绿BT）粉剂量500倍液。

（4）化学防治　① 掌握用药时间于幼虫三龄前，傍晚18：00后，直接喷到虫体和叶上，触杀、胃毒并进效果好。② 根据幼虫老幼程度选择使用药剂性：低龄幼虫用20%氯虫苯甲酰胺悬浮剂3000～4000倍液或24%甲氧虫酰肼乳油2500～3000倍液或5%氟虫脲乳油2000～2500倍液。高龄幼虫用20%氯虫苯甲酰胺悬浮剂1500倍液或15%茚虫威悬浮剂3500～4500倍液。10d1次，连续2～3次。

---

16 双棘长蠹

双棘长蠹（*Lycaeopsis zamboangae*）。属鞘翅目长蠹科。又称黑壳虫。分布在北京、天津、河南、山东、江苏、浙江、四川、云南、福建、陕西、宁夏、广东、广西。是我国新发现的危害十分严重的新害虫。

■ 形态特征

成虫：体长3.8～6.3mm，体宽1.6～2.8mm，圆柱形，黑褐色，体表骨化，头小，有刻点。触角10节，着生于两复眼之间，棕红色，末端3节膨大为栉片状。额区两侧有1对圆突状复眼，褐色。咀嚼式口器，下口式；上颚发达，粗而短，末端平，有下颚须。前胸背板发达，帽状，盖住头部，长度约为体长的1/3，与前翅同宽，上有黑色小刺突与直立的细黄毛。前半部有齿状和颗粒状突起，后半部有刻点，较光滑。中部偏后处隆起，并向前后呈坡面逐渐降低，前坡面平缓，后坡面陡峭。鞘翅红褐色，其上密布较齐整的蜂窝状刻点，后部急剧向下倾斜，鞘翅斜面合缝两侧有1对棘状突起，棘突末端背面上突出似脚状，两侧近于平行。足棕红色，胫节和跗节有短毛，中足的距最长，约可达第1跗节的2/3处，跗节4节，有1对跗钩。腹部显见5节，腹面密布倒伏的灰白色细毛，第6节甚小，缩入腹腔中，仅可见一撮毛，末端

图 4-15　双棘长蠹

a. 双棘长蠹危害状（许渭根 拍摄）；b. 葡萄双刺长蠹图（许渭根 拍摄）；c. 双棘长蠹危害葡萄状（杭州站 提供）

具尾须。从形态上雌、雄虫很难分辨，只是雄虫较雌虫体形稍瘦小些。

卵：白色，椭圆形，大小为 0.4～0.65mm。幼虫：乳白色，蛴螬形，头小，胸部膨大，周身散布细毛。老龄幼虫体长 3.8～5.5mm，宽 1.3～1.6mm，乳白色。上颚基部褐色，齿黑色。颅顶光滑，额面布长短相间的浅黄色刚毛。腹部扁，向胸部弯曲。蛹：裸蛹，乳白色，长 4.8～5.5mm，宽 1.6～2.8mm，可见明显的红褐色眼点，乳白色的栉状触角贴附于眼点两侧。前胸背板膨大隆起，已可见颗粒状棘突。3 对足依次抱于胸前，跗节顺体长向下延伸，端部稍膨大，可见一对跗钩在蛹壳内微微活动。后足隐于双翅下，仅有端部伸出翅外。羽化前头部，前胸背板及鞘翅黄色或浅黄褐色，内翅前端黑色，上鄂红褐色。

■ 传播途径

通过苗木和接穗传播。

■ 发生规律

在浙江 1 年 1 代，以成虫越冬。翌年 4 月上旬出蛰，4 月下旬交尾后产卵，5 月下旬至 6 月上旬始见幼虫。7 月中旬至 8 月上旬陆续化蛹，7 月上旬起成虫羽化，9 月中下旬陆续出孔迁飞，但不危害葡萄新枝。11 月成虫越冬。在甘肃天水 1 年 1 代，以成虫越冬。3 月中下旬出蛰，4 月上旬交尾后产卵，4 月中下旬始见幼虫。5 月下旬至 7 月中上旬陆续化蛹，6 月下旬起成虫羽化，午 8 月下旬陆续出孔迁飞，10 月成虫越冬。在石家庄 1 年 1 代，以成虫越冬。3 月中旬开始蛀食，4 月中旬到 5 月上旬成虫交尾产卵。4 月下旬始见幼虫。5 月底至 7 月上旬化蛹。6 月上旬开始出现成虫，到 7 月上旬羽化基本结束。新羽化的成虫在原坑道中群居（通常 30～80 只），反复串食，使枝干只留表皮和少部分髓心，而不另行迁移危害。在 7 月上旬到 8 月中旬偶有成虫外出活动。一直到 10 月上旬成虫开始转移危害新活枝干，做环形坑道，然后在其中越冬，直至翌年的 3 月中旬开始活动，成虫期约 10 个月。在海南 1 年 4 代，完成 1 代需 68 ～ 98d。成虫 4 次发生高峰为 3 ～ 4 月、6 ～ 7 月、9 ～ 10 月和 12 月至翌年 1 月，以 3 月下旬至 4 月上旬最盛。进入雨季后成虫减少，雨季后又开始增加。

■ 危害症状

双棘长蠹以幼虫和成虫危害枝蔓。初孵幼虫沿枝蔓纵向蛀食初生木质部，随着龄期增大逐渐蛀食心材，被害枝蔓表面出现 0.5 ～ 0.8mm 圆形孔洞，蛀道内充满虫粪和木屑。初羽化成虫在蛀道内群居，反复取食，使枝干只留表皮和部分髓心延，产卵其中。成虫有自相残杀习性。盛夏 6 月下旬至 8 月上旬，常成群结队爬出洞外降温，傍晚再爬回洞内。10 月中下旬转移危害新枝，多选择直径 3 ～ 15mm 枝条，危害孔径 2 ～ 3mm，垂直深度 2.5 ～ 15.0mm，钻入后紧贴韧皮部环形蛀食形成宽约 3mm 环形坑道，越冬前蛀道长度 3 ～ 32mm。蛀食方向是从某一处的上方进入向下蛀食，或从下方进入向上蛀食；从侧面进入，向上向下都蛀食。被害枝蔓冬季干枯，翌年不能再发芽抽梢。

■ 防治方案

（1）植物检疫　双棘长蠹被定为重要的进境检疫性有害生物，浙江省植物保护检疫局也将其列为重点检疫对象，因此在调运苗木或接穗时，要严格把关，重点检疫，严格执行检疫条例，严禁双棘长蠹的传播扩散，保护葡萄产业的生产安全。

（2）农业防治　结合冬季修剪，剪去虫粪新鲜、流胶带虫枝。并通过粉碎机粉碎堆肥或作为食用菌原料，降低害虫基数。新梢长至 4 ～ 5 叶后，检查整个园区，不能正常发芽抽梢的进行剪除处理。

（3）物理防治　在双棘长蠹出蛰期，将葡萄园内修剪下来的枝条捆成捆（每捆约 50 根），均匀放置于园内行间，离地高度为 1.5m，每亩 20 ～ 30 捆。利用双棘长蠹对诱集枝的趋性诱集越冬成虫，诱集结束后统一粉碎腐烂，以减轻对活株的危害。

（4）生物防治　5 月下旬至 6 月上旬，白天平均气温在 20℃以上时，选择上午 9：00 ～ 11：00 或下午 15：00 ～ 18：00 时释放管氏肿腿蜂，每亩放蜂 1500 ～ 2500 头。方法：用胶带将指形管绑于树干中下部，打开棉塞，管口朝上，管中插入细枝方便蜂爬出。露天栽培的放蜂前后 3 ～ 4d 需无降雨天气。

（5）化学防治　4 月上中旬、6 月上旬及 9 月中下旬，5 月成虫活动期喷施是 20% 氯虫苯甲酰胺悬浮剂 3000 倍液或 2.5% 三氟氯氰菊酯 3000 倍液或 1% 印楝素·苦参碱乳油 800 倍液，2 ～ 3 次。发现新鲜虫孔用 80% 敌敌畏乳油 50 倍液注射蛀孔并用泥封住虫孔，熏杀成虫与幼虫。

---

17 吸果夜蛾

属昆虫纲鳞翅目（*Lepidoptera*）夜蛾科（*Noctuidae*），种类有 31 种，但危害葡萄的主要为鸟嘴壶夜蛾、枯叶夜蛾等，每亩损失 2000 ～ 3000 元，生产中葡农误以为炭疽病。

图 4-16 吸果夜蛾危害症状

■ 形态特征

（1）鸟嘴壶夜蛾（*Oraesia ex-cavata* Butler） 成虫：褐色，体长 23～26mm，翅展 49～51mm。头橙色，下唇须前端尖长似鸟嘴。前翅褐色，自翅尖斜向中部有两根近平行的深褐色线。后翅浅褐色缘毛黄褐色泽。卵：球形，长 0.8mm，初浅黄色后变灰并现红褐色花纹。幼虫：共 5 龄，老熟幼虫体长 38～45mm，灰褐色似枯枝。头部两侧各有 4 个黄斑。蛹：暗褐色，长 17～23mm。

（2）枯叶夜蛾（*Adristyrannus* Guenee） 成虫：褐色，体长 35～38mm，翅展 96～106mm。头胸部棕褐色，腹部杏黄色。前翅似枯叶色，从顶角至后线有一条黑褐色斜线。后翅杏黄色，中部有一肾形黑斑，外缘内近牛角形黑斑。卵：扁球形，长 1.1mm，乳白色。幼虫：体长 51～71mm，体灰或黄褐色。第 2、3 腹节亚背面有一眼形斑，中间黑外围黄白色绕有黑色圈。蛹：暗或红褐色，长色 31～32mm。

■ 传播途径

成虫产卵传播。

■ 发生规律

鸟嘴壶夜蛾在浙江沿海和湖北武汉一年发生 4 代，以蛹或幼虫、成虫越冬。第 1 代发生在 6 月上旬至 7 月中旬；第 2 代发生在 7 月上旬至 9 月下旬；第 3 代发生在 8 月中旬至 12 月上旬；越冬代在翌年 6 月中旬结束。枯叶夜蛾：一年发生 2～3 代，以成虫、卵和中龄幼虫越冬。成虫在 5～10 月均可见，但 7～8 月多发。成虫在天黑后飞入葡萄等果园危害，喜欢有香味、甜味的成熟果。幼虫危害叶。

■ 危害症状

成虫虹吸式口器刺穿果皮吸汁，果面留有大头针刺过的小孔，有的感染炭疽病，有的孔口灰褐色杂菌感染。果肉内部失水呈海绵状或腐烂脱落。早期不易发现，在贮运过程中造成腐烂变质。鸟嘴壶夜蛾幼虫还食叶，造成缺刻或孔洞。

■ 防治方法

（1）农业防治 避免在葡萄园内及周边 1km 以内栽植木防己、通草等寄主植物。套袋栽培。发现幼虫吐丝缀叶潜伏危害及时摘除。

（2）物理防治 利用成虫趋光性、趋化性，安装黑光灯或频振式杀虫灯诱杀；利用糖醋药液及烂果汁诱杀。用小叶桉油或香茅油驱避成虫。

（3）化学防治 成虫发生期用 2.5% 氟氯氰菊酯 2000 倍液喷杀。幼虫用 4.5% 高效氯氰菊酯乳油 1500 倍液或 20% 氯虫苯甲酰胺悬浮剂 3000 倍液喷杀。

18 蜗牛

蜗牛（*Fruticicolidae*）是陆生贝壳类软体动物，有很多种，对农作物来讲是害虫。而对人体和药材来讲是益虫。

■ **形态特征**

危害葡萄的有壳蜗牛、庭园蜗牛、法国蜗牛、玛瑙蜗牛、白玉蜗牛等。无壳的称蛞蝓，俗称鼻涕虫。

■ **传播途径**

爬行传播。

■ **发生规律**

蜗牛为雌雄同体，异体受精或同体受精，每一个体均能产卵，每一成体可产卵30～235粒，卵粒成堆，多产在潮湿疏松的土里或枯叶下。以4～5月或9月卵量较大，卵期14～31d。蜗牛昼伏夜出，喜阴暗潮湿（空气相对湿度60%～90%），但怕水淹；畏直射光怕热（适宜温度16～30℃），多栖息于杂草丛生、树木葱郁、农作物繁茂环境及腐殖质多而疏松的土壤（pH为5～7）、枯草堆、洞穴中及枯枝落叶和石块下。当温度低于5℃或高于40℃，

图4-17　蜗牛形态及危害状
a.蜗牛；b.蜗牛爬过的果粒表面；c.蛞蝓污染果面

则可能被冻死或热死。小蜗牛一孵出，就会爬行与取食。当受到侵扰时，头和足便缩回壳内，并分泌出黏液将壳口封住。觅食范围：蜗牛爬行时，还会留下一行黏液（干时吃呈灰白色且有亮光）。11月开始进入越冬状态。

■ **危害症状**

主要以葡萄等植物芽、茎、叶、花、多汁的果及根为食。分泌黏液污染果面影响其商品，伤品诱发酸腐等其他病害。

■ **防治方法**

（1）农业防治 清洁田块破坏蜗牛栖息环境；秋冬深翻园地冻死或被天敌取食。

（2）物理防治 利用白天在叶背或树干阴面栖自特点进行人工捕杀；结合改良土壤，行间施生石灰，每亩量5～10kg。春季末3～4月园内放鸭，早晚每亩放2～3只鸭。树干绑阻隔器一个。

（3）化学防治 有效药剂为四聚乙醛（思密达）杀螺胺。① 四聚乙醛与面粉调成药糊，涂抹在树十上，全所控制蜗牛有效。② 毒土阻隔：3～4月及8～9月蜗牛出蛰活动未上树前配制毒土撒施于畦面（1份药混10份土配比）。③ 对上树蜗牛，用80%蜗敌高喷叶杀。

---

19 蚜虫类

属半翅目蚜虫科，危害葡萄的主要是棉蚜（*Aphis gossypii* Glover）。

■ **形态特征**

有翅蚜体长1.2～1.9mm，体黄、浅绿或深绿色；无翅成蚜体长1.5～1.9mm，夏季多黄绿色，春、秋季深绿色或黑色，表面有蜡粉。卵：长0.49～0.59mm，椭圆形，初产卵为橙黄色，6d后变为黑色，有光泽，卵产在叶芽附近；有的产卵于土内，成块状，外被胶囊，以卵块在土中越冬。传播途径：带卵繁殖材料传播。

■ **发生规律**

从展叶开始至幼果期均会发生。在木槿、石榴、花椒等越冬，翌春寄主发芽后，越冬卵孵化为干母，孤雌生殖2～3代后，产生有翅胎生蚜迁移到大田危害，4月开始危害，一年发生20～30代，世代重叠。10月又回到木槿、石榴、花椒等植物上，繁殖危害一段时间后产生有性蚜，交尾产卵于枝条上越冬。经观察，先危害黄色嫩梢品种如特早熟的'碧香无核'，再危害黄色嫩叶的品种，再危害花序和幼果。

图4-18 **蚜虫危害症状**

■ **危害症状**

嫩梢、嫩叶、花蕾、幼果等部位吸吮汁液，叶片受害向背面卷缩，叶表有蚜虫分泌具黏性的蜜露；花蕾受害影响坐果，幼果受害影响正常膨大。因其分泌物滋生霉菌污染影响其果穗外观品质，蜜露因含糖量高还会吸引蚂蚁（不黄蚁）。也会传播病毒病。

■ **防治方法**

（1）农业防治　秋末初冬清除越冬场所如杂草、翘皮等。

（2）物理防治　利用它趋黄性，园内悬挂黄色粒板。

（3）生物防治　利用七星瓢虫、食蚜蝇等天敌。当瓢虫∶蚜虫比为 1∶100～200 时不施药，利用天敌来控制。

（4）化学防治　从葡萄展叶叶开始至套袋前结合绿盲蝽、透翅蛾、介壳虫等病虫害一起防治，重点抓紧抓 4 月至 5 月上旬两个高峰发生期。药剂有吡虫啉、啶虫脒、噻虫嗪、高效氯氟氰菊酯等。

---

20 蚂蚁

■ **发生规律**

7～8 月，果实散发出香甜气味，尤其在裂果发生时，容易引起蚂蚁（*Pheidole megacephala* Fabricius）危害，多于粉蚧、蚜虫等害虫同时发生。

■ **危害症状**

不直接危害，做蚜虫帮凶。

■ **防治方法**

毒饵；毒饵即是由化学药剂与蚂蚁喜食的食物诱饵混合而成。根据蚂蚁的交哺行为，一只工蚁取食毒饵后，只要其短时间内不死亡，就可将毒饵带入蚁巢，引起其他个体死亡，死亡时间一般在 7d 之内，但蚂蚁蛹不进食，因此可能存活，使除蚁不彻底。保幼激素类似物

图 4-19　蚂蚁危害症状

毒饵：即在饵料内配以保幼激素类似物，如抑太保、甲氧保幼激素等，激素浓度一般为饵重的 0.6% ～ 1.5%。

21　胡　蜂

■ 形体特征

平原地区危害葡萄的为黄脚胡蜂（*Vespidae*），别名葫芦蜂、花脚仔、凹纹胡蜂等，高低海拔普遍分布，属最常见胡蜂物种。

雌蜂 2.8 ～ 3.2cm，雄蜂 2.2 ～ 2.6cm，工蜂 2.0 ～ 2.8cm。蜂王先筑巢于洞中，待到端午节前后搬到树上，草丛，房屋，等地方，蜂巢最大可达 40kg 左右。

■ 发生规律

7 月上旬开始危害，一般 6 ～ 7 月上树，每个地方不一样，不同的蜂巢也有时间差别。也并非所有的蜂种都要经过从地上到树上的过程。

■ 危害症状

取食果肉。

■ 防治方法

（1）物理防治　糖醋液诱杀，利用胡蜂习性防治沾虫板。

（2）农业防治　加强果园的树体管理，增强树势，改良架势，使架内通风透光，降低果实果面破损。

（3）生物防治　利用胡蜂的天敌进行防治。

图 4-20　胡蜂取食葡萄果肉

22 蚱蜢

■ 形体特征

蚱蜢是蚱蜢亚科昆虫的统称，中国常见的为中华蚱蜢（*Acrida chinensis*），身体长圆形，长 3 ～ 4cm，黄绿色或绿色，有光泽，头顶有圆形凹窝，颜面中部沟深。复眼灰色，椭圆形，触角丝状，褐色。前胸发达，中部有横缝 3 条。前翅前缘部分呈绿色，余部褐色，腹黄褐色，雄体腹末端屈曲上。若虫与成虫近似。飞时可发出"札札（Zhā Zhā）"声。

■ 发生规律

各地均为 1 年 1 代。成虫产卵于土层内，成块状，外被胶囊。以卵在土层中越冬。若虫（蝗蝻）为 5 龄。成虫善飞，若虫以跳跃扩散为主。在每年 7 ～ 8 月间羽化成成虫，一般雌雄成虫交配后雄虫不久就会死亡。蚱蜢没有集群和迁移的习性，常生活在一个地方。

■ 危害症状

成虫及若虫食叶，影响作物生长发育。

■ 防治方法

（1）农业防治　在秋、春季铲除田埂、地边 5cm 以上的土及杂草，把卵块暴露在地面晒干或冻死，也可重新加厚地埂，增加盖土厚度，使孵化后的蝗蝻不能出土。

（2）生物防治　保护利用麻雀、青蛙、大寄生蝇等天敌。

（3）化学防治　在测报基础上，抓住初孵蝗蝻进行菊酯类农药兑水喷雾防治。

图 4-21　蚱蜢形态及危害状

a. 蚱蜢形态特征；b. 蚱蜢取食葡萄叶片

23 棉铃虫

■ 形体特征

棉铃虫（*Helicoverpa armigera* Hübner）。属鳞翅目夜蛾科。成虫：体长 15 ～ 20mm，翅展 27 ～ 38mm。雌蛾赤褐色，雄蛾灰绿色，前翅翅尖突伸；幼虫：老熟幼虫长约 40 ～ 50mm，初孵幼虫青灰色，以后体色多变，分淡红色、黄白色、淡绿色和深绿色 4 种；卵：近半球形，底部较平，高 0.51 ～ 0.55mm，直径 0.44 ～ 0.48mm，顶部微隆起。

■ 发生规律

棉铃虫以蛹在 5 ～ 15cm 深的土壤中越冬，以蛹在寄主作物根部土壤中越冬，翌春越冬代成虫羽化后，多产卵在小麦、番茄、豌豆等作物上从而引起危害。1 年发生 4 代，6 月上旬为第 1 代产卵高峰期，卵产与小麦、春玉米、瓜菜等作物和蔬菜上，第 2 代产卵孵化高峰为 7 月上中旬，以棉花、番茄、葡萄等水果瓜菜为主要寄主植物。第 3 代于 8 月中下旬出现，主要危害棉花中上部，第 4 代发生在 8 月下旬以后，主要危害棉花和玉米，棉铃虫幼虫有转主危害习性，转移时间多在夜间和清晨。

■ 危害症状

幼虫和成虫取食叶片，使叶片呈孔洞或缺刻状，或将叶片吃光只留叶脉和柄。聊城茌平县平茌后棉铃虫疯狂危害幼芽和幼叶，严重影响植物的生长发育，杨成发报导在山东沂源棉铃虫对套袋葡萄危害，主要以第 2、3 代幼虫藏在果袋内，蛀食葡萄粒或啃食葡萄穗轴，葡萄果实被蛀成孔洞后，常诱发病原菌侵害，造成巨大损失。

■ 防治方法

（1）农业防治　深耕冬灌，压低越冬虫口基数，减少第 1 代发生量；葡萄套袋后，可开袋人工捕捉。

（2）生物防治　保护农田中赤眼蜂、多异瓢虫、草蛉和胡蜂等丰富的天敌资源，以有效地控制棉铃虫的发生。在棉铃虫初龄幼虫盛期，喷洒生物制剂 Bt 乳剂 300 ～ 400 倍液或棉铃虫核型多角体病毒 1000 ～ 2000 倍液，有一定的防效，且对天敌安全。

图 4-22　棉铃虫形态及危害状
a. 棉铃虫；b. 幼虫；c. 幼虫对大叶危害；d. 幼虫危害嫩梢

（3）物理防治　利用杨树枝诱蛾，性诱剂诱杀成虫，黑光灯、频振式杀虫灯诱蛾。

（4）化学防治　棉铃虫3龄前是防治的最佳时期。目前登记用于防治棉铃虫的药剂主要有菊酯类，毒死蜱等有机磷类，灭多威等氨基甲酸酯类，以及阿维菌素、甲氨基阿维菌素苯甲酸盐、氟铃脲、棉铃虫核型多角体病毒等。

第五章

生产中不利的
环境因素影响

大气污染和自然灾害是影响葡萄安全生产的重要的因素。近年来随着现代化工业进程的加快，大气污染程度越来越加剧，地球上的气候变暖和人类活动诱发的自然变迁，这种变迁给植物、动物带来危害时，即形成自然灾害（张庆彩，2010）。有地震、火山爆发、泥石流、海啸、台风、龙卷风、冰雹、洪水等突发性灾害；也有地面沉降、土地沙化、干旱、海岸线变化等再较长时间中才能显现的渐变性灾害；还有臭氧层变化、水体污染、水土流失、酸雨等人类活动导致的环境灾害。自然灾害给葡萄产业带来的灾害：① 损坏树体，影响生长；② 降低产量，影响品质；③ 加重病害，影响树势；④ 增加成本，减少收入。

第一节
大气污染对葡萄的影响

大气中的污染物种类很多，主要有硫化物、氟化物、氯化物、氮氧化合物、粉尘等。大气中的污染物能否危害植物，决定于多种因素，其中主要是气体的浓度和延续时间（岳立，2011；郭英玲，2009；刘继芳，2005；杨洪强，2003）。其对葡萄的危害症状与传染性病害极其相似。

一、污染物及影响

（一）二氧化硫（SO_2）对葡萄的伤害

SO_2 来源于含硫矿物的燃烧（例如含硫的煤、制硫酸的二硫化亚铁 FeS_2 等）；另外，一小部分是火山中硫的燃烧，制硫酸工厂的废气等。SO_2 是我国当前最主要的大气污染物，排放量大，对植物的危害也比较严重（黄芳，2004；蒋益民，2005；佟继旭，2018）。当空气中的 SO_2 浓度达到 $0.05 \sim 10mg/L$，就可能危害植物（夏志清，李辉，2007；马文婷，2018）。SO_2 通过气孔进入叶内，溶入细胞壁的水分中，电离出 HSO_3^- 和 SO_3^{2-} 离子，并产生氢离子（H^+）。H^+ 降低细胞的 pH，干扰代谢过程；SO_3^{2-} 和 HSO_3^- 直接破坏蛋白质结构，使酶失去活性；间接影响是因为产生更多的自由基（$HSO_3O_2 \cdot$ 和 $HO \cdot$）伤害细胞，比直接危害更大。开始时叶片略微失去膨压，有暗绿色斑点，然后叶片边缘或叶脉间叶色褪绿，干枯，直至出现坏死的斑点。症状主要出现在叶脉间。一般呈现大小不等的、无一定分布规律的点和块状伤斑，并与正常组织之间界线明显。也有少数伤斑分布在叶片边缘，或全叶褪绿黄化，但幼叶不易受害。伤斑颜色多为土黄或红棕色，但伤斑的形状不规则。葡萄属于硫敏感植物，但不同葡萄品种对 SO_2 的敏感性相差很大，栽培品种中的欧美杂种品种比欧亚种品种抗性强，在欧亚种中，东方品种群最为敏感。

（二）氟化氢（HF）对葡萄的损伤

大气氟污染主要来自铝厂、磷肥厂、玻璃厂以及农村砖厂等。氟是卤素中化学性质最活泼的元素，生物很容易受到它的伤害，大气中的氟化物主要是氟化氢、四氟化硅等，它们对植物的毒害都非常强烈。氟化氢被叶表面吸收后，经薄壁细胞间隙进入导管中，并随蒸腾流到达叶的边缘和尖端，由于卤素的特殊活泼性，使叶的这些部位的叶绿素和各种酶遭到损害，因而使光合作用长时间地受到抑制，或使磷酸化酶、烯醇化酶和淀粉酶钝化。氟化氢对叶的损害首先出现在尖端和边缘。通常受害部位呈棕黄色，成带状或环带状分布，然后逐渐向中间扩展。受害伤斑与正常组织之间有一明显的暗红色界线，少数为脉间伤斑、幼叶易受害。通常侧脉不明显，细弱叶片受害斑多连成整块，位置也不固定，侧脉明显的伤斑多分散在脉间；叶片大而薄的伤斑多分布在边缘，常连成大片。当受害严重时，使整个叶片枯焦脱落。葡萄长期在氟污染环境中，即使大气氟污染浓度不高，由于接触时间长，氟就会在葡萄植株中积累，所以在低浓度长期作用下，葡萄受害明显，因此它可被用作监测大气氟污染的指示植物。防治措施：欧美杂种品种比欧亚种品种抗性强，在欧亚种中东方品种群最为敏感，营造防风林，阻拦污染危害。

（三）乙烯对葡萄叶片的损伤

石油化工、汽车尾气、煤气、聚乙烯工厂都可能是乙烯的污染源。叶片发生不正常的下垂现象，或失绿黄化。并常常发生落叶、落花、落果以及结实不正常等。葡萄转色期利用乙烯进行催熟处理也能引起对葡萄叶片的烧伤，冬芽松动（刘鸿雁，2014）。

臭氧（O_3）对葡萄叶片的损伤：引起空气污染的臭氧主要来源于汽车尾气的二次污染。汽车尾气中除了含有严重危害健康的一氧化碳和铅等污染物外，还有大量碳氢化物和氮氧化物（曹克强，2009）。这些污染物在有阳光的天气条件下，可以发生一系列化学反应，生成臭氧、醛类和过氧乙酰硝酸酯等二次污染物，统称光化学氧化剂，其中臭氧是光化学氧化剂中主要成分，对生物危害最大。对葡萄的危害主要发生在枝条基部老叶片，幼叶很少受到危害；症状是老叶片叶面正面散布细密点状斑（直径 0.5 ～ 1.5mm），呈棕黄褐色或浅黑色，少数为脉间块斑（直径 2mm），有时叶脉颜色变浅，幼叶很少受到危害。通常与叶蝉的危害相似，但叶蝉对叶片正反面都有危害，并能见到各龄虫子的痕迹；与缺钾症状的区别是，缺钾在叶片正反面都有症状。持续高温的夏季容易发生臭氧危害，欧美杂种和法美杂种品种对臭氧敏感，易发生危害。

二、症状诊断

有害气体危害症状与葡萄褐斑病、白腐病、黑腐病等相似，有时缺乏微量元素产生的症状也会和大气污染的症状相混，如缺钾时，叶片尖端和叶缘出现土黄色坏死斑，严重时叶片卷缩，与氟化氢引起的伤斑相似（君广斌，2015）。一般昆虫危害的病斑会留下咬嚼的痕迹。真菌、细菌危害的病斑会有轮纹、疮痂、白粉、霜霉等特征，有的还有明显突起的孢子囊群。干旱、缺素、自然老黄等产生的症状多半是叶片部分褪色发黄，发黄部分与绿色部分之间无明显界线，并且一般不会产生坏死斑。污水灌溉也会使植物受害，但其危害特点是根部受伤腐烂，下部叶片受害重，上部叶片受害越轻，一片叶子上是基部受害重。而大气污染的危害一般不危及根部，往往上部或中部叶子受害重，受害植物能恢复萌发生长，往往叶尖、叶缘或叶脉间产生伤斑，叶基部较少受害；受害范围有明显的方向性，常发生在污染源的下风向，植物的受害程度与有害气体污染源的远近有关，距离越近受害越重，距离越远受害越轻；危害不局限在一种植物上，而是涉及到多种植物。

三、防治措施

（1）远离工业区　这是解决大气污染的重要措施。工厂过分集中，在一个地区内污染物的排放量将会很大。另外，国家有关部门把有原料供应关系的化工厂放在一起，通过对废气的综合利用，减少废气排放量。

（2）采取区域采暖和集中供热的方法　即用设立在郊外的几个大的、具有高效率除尘设备的热电厂代替千家万户的炉灶，是消除煤烟的一项重要措施。

（3）减少交通废气的污染　减少汽车废气污染，关键在于改进发动机的燃烧设计和提高汽油的燃烧质量，使油得到充分的燃烧，从而减少有害废气。

（4）改变燃料构成　实行自煤向燃气的转换，同时加紧研究和开辟其他新的能源，如太阳能、氢燃料、地热等。这样，可以大大减轻烟尘的污染。

（5）营造防护林　防护林能降低风速，使空气中携带的大粒灰尘下降。树叶表面粗糙不平，有的有茸毛，有的能分泌黏液和油脂，因此能吸附大量飘尘。蒙尘的叶子经雨水冲洗后，能继续吸附飘尘。如此往复拦阻和吸附尘埃，能使空气得到净化，减少对葡萄的伤害。

第二节

自然灾害对葡萄的影响

中国幅员辽阔，地理气候条件复杂，自然灾害种类多且发生频繁，影响最大的自然灾害有气象灾害、海洋灾害、洪水灾害、地震灾害、农作物生物灾害、农作物动物灾害、森林生物灾害、森林动物灾害、森林火灾等九大类，其中气象灾害对葡萄的影响最为严重（刘俊 2012）。我国气象灾害的特点主要有：① 种类多。主要有暴雨、洪涝、干旱、热带气旋、霜冻、低温、高温、台风、龙卷风、冰雹、连续阴雨和浓雾及沙尘暴等 20 余种（柏秦凤，2019；林琳，2013）；② 范围广。一年四季都可出现气象灾害。无论在高山、平原、高原、海岛，还是在江、河、湖、海处处都有气象灾害；③ 频率高。我国从 1951-1988 年每年都出现旱、涝和台风等多种灾害，平均每年出现旱灾 7.5 次，涝灾 5.8 次。其中，浙江、福建等地每年有台风登陆；

④ 持续时间长。同一种灾害常常连季、连年出现，如南方梅雨季；⑤ 群发性突出。某些灾害往往在同一时段内发生在许多地区。⑥ 连锁反应。天气气候条件的变化往往引发或加重洪水、病虫害等自然灾害；⑦ 灾情重。联合国公布的 1947—1980 年全球因自然灾害造成的人员死亡达 121.3 万人，其中 61% 是由气相灾害造成的。

目前对葡萄危害较重的气象灾害主要有几下几种：冻害、热害、雹灾、风灾、涝灾、旱灾等（王丞，2011）。针对非生物危害，劳动人民集积累了丰富的实践经验，如抗寒采取深沟浅埋的办法，防霜用熏烟的方法，防鸟扎草人，防寒埋土，防风栽种防风林网等，为葡萄生产的健康发展提供了保证。现在，科技人员针对不同危害，利用高科技手段，研究了许多新方法，使防治效果不断提高，为新时期葡萄产业发展提供了强有力的科技支撑。

涝 灾

■ **发生部位及症状**

轻度：叶片生理性缺水萎蔫、卷曲。中等：下部叶片脱落，冬芽萌发或松动。翌年发芽不整齐，新梢生长无力，果穗小、果粒小。重度：根系腐烂，全株死亡。

发生时期：7 ～ 9 月台风带来强降雨，6 ～ 7 月梅雨季。

■ **防治方法**

（1）预防　选择适宜地建园；采用抗涝砧木：SO4、5BB、101-14、3309C。

（2）水灾后恢复　地下部分管理：尽快排出园内积水。揭除地膜，土壤消毒。中耕提高土壤通透性。促发须根。结合施基肥、校正缺素症状。地上部分管理：根据品种种类、树龄、砧木和受淹时间剪果穗减轻负载量保树。如采果：对未淹水，成熟度达到加工糖水罐头的及时销售给厂家；对流动水淹的，成熟果冲洗干净凉干后销售，未成熟的喷药防病；对不流动水淹水时间长已变质的采除深埋作肥。减少水分蒸发确保树体成活，如剪去尚未转色成熟的结果枝或过细、过粗扁的徒长枝、病枝。副梢、主梢摘心。延缓叶衰老，促进枝条成熟。对挂果的品种用生物农药防病治虫，剪除裂果。

图 5-1　葡萄涝害

2 风灾

■ **发生部位及症状**

叶吹破，梢吹断。

■ **发生时期和条件**

7～9月台风，冷暖气候对流天发生龙卷风。

■ **防治方法**

①树体扶正，修固设施。②排涝松土、消毒。③加强地上枝、蔓、果、根管理。④科学用药，确保葡萄果品安全。

台风过后，葡萄园病虫害流行，注意防治灰霉病、霜霉病、白腐病、酸腐病、炭疽病、枝干溃疡病等病害，叶蝉、红蜘蛛、粉蚧、蓟马、吸果夜蛾等虫害，裂果、缩果病、日灼病等生理性病害，但要注意农药安全间隔期（刘薇薇，2014；潘明正，2018；吴江，2015）。如采前15～30 d排水沟内铺旧膜排水于畦外防裂果。壮根、协调地上部分枝叶和地下根系生长，剪除多余的副梢，防气灼病。利用花序周围副梢或纸袋遮荫档直射强光或用透光率高的防晒网中午10∶00～15∶30盖天窗防日灼。糖醋液＋敌百虫或其他杀虫剂配成诱饵诱杀醋蝇成虫防酸腐病（刘凤弼，2012）。用蔗糖∶醋∶白酒∶水＝6∶3∶1∶10，加少量敌百虫糖醋药液诱杀（1亩园摆1盆，晚上打开，夜蛾吃后毒死在盆内及周边，清晨将夜蛾及其他虫捞清再盖好，一直至葡萄售完为止）。

■ **发生部位与症状**

叶、梢、花、果均会发生。

图5-2　葡萄风灾

3 热灾

■ 发生时期与条件

6～7月，葡萄作为森林内蔓生匍匐性生长的浆果植物，其最适生长温度为 25～30℃，超过 30℃光合作用下降，35～40℃的高温往往能导致植株水分生理异常，叶片特别是果实发生不同程度的日灼或日烧，严重影响生长发育。落花落果一般发生于南方。硬核期前后果会发生气灼和日灼（郑秋玲，2010；管仲新，2005）。

■ 防治方法

① 安装自动摇膜电机，防止因劳动力跟不上开棚过晚而发生害。② 根据葡萄生长规律调控温湿度。尤其是双层或多层天膜促早的，提早防范。③ 利用遮阳网。对高温每感的品种如'阳光玫瑰'搭建设施时需安装遮阳网。

图 5-3 热灾

a.高温干旱导致缺肥缺水引发葡萄叶片黄化；b.'醉金香'叶片热害危害状；c.'阳光玫瑰'叶片热害危害状

4 冻害

倒春寒是指进入春季，气温回升较快，各种作物物候期提前，抗寒力下降，当低温来临时引起冻害的现象。倒春寒易造成葡萄芽和新梢发生冻害，已成为葡萄产业发展的限制因子之一。除异常天气影响外，越来越多的葡萄在非适宜地区种植也是造成倒春寒危害的主要原因之一（张伟岸，2017）。

■ 发生部位

幼芽、嫩梢、花序、枝蔓。

■ 发生时期和条件

春季，一般发生于晴好的天气，由于强冷空气入侵或降春雪引起迅速降温，即24h内降温超过10℃并降至0℃以下易发生冻害。葡萄茸球、嫩梢和幼叶、花序分别在环境温度低于−3℃、−1℃和0℃时即会发生冻害。

■ 发生症状

葡萄遭受霜冻危害后，受害程度轻的会导致萌发推迟，萌芽后叶芽发育不完全或畸形（祁帅，2019）。受害程度重的会造成不发芽，呈现出僵芽、干瘪状。幼叶冻害后大多变成黄褐色，叶脉干枯，失水失绿，进而干缩，类似开水烫灼状，受害严重时幼嫩叶全部枯死，枝条冻害受伤部位由表皮至木质部逐步失水，皮层腐烂干枯，像火烧。

■ 防治方法

① 适地适种；② 注意春天的天气预警，预知霜冻发生的时间和强度，提早采取措施，如霜冻前盖膜、熏烟、喷施防冻剂等；③ 霜冻前灌水，增加土壤热能和导热率，增加空气湿度，减少辐射冷却，提高树体抗冻能力；④ 利用保护地设施栽培；⑤ 增加枝条秋季修剪的长度等。

图5-4　冻害危害状

a.晚霜危害葡萄幼茎及新叶；b.嫩芽冻害

5 雪灾

近年来，长江中下游的上海、苏南、安徽南部、江西北部、湖南等的部分地区设施葡萄生产经常受到雪灾的严重影响，对避雨栽培设施和促成栽培的设施、露地栽培的架材、葡萄园的辅助设施以及露地树体都造成了严重的损坏（邢福俊，2002）。2008年雪灾造成66.7hm²促成栽培、1333～2000hm²避雨栽培、2333.3hm²露地栽培受害。以避雨栽培为例，它是长江中下游地区普遍采用的一种栽培形式，葡萄收货收获后未将塑料薄膜及时拆除，雪灾造成了薄膜和架材的损坏，而短时间的迅速降温也引起了葡萄树体冻害。

■ **防治方法**

（1）预防措施 ① 灌水。低温来临前，及时浇灌水，溶解大量树体养分，树体内部冰点降低，提高抗寒能力。② 熏烟法。提高气温 3 ～ 4℃，减少地面辐射散发，吸收空气湿气抗寒抗冻。以麦秸、碎柴禾、锯末、糠壳等为燃料，气温下降到葡萄受冻的临界点时（一般为 –3 ～ –7℃）点燃，并控制烟雾在葡萄园区域，一般每亩设置 2 ～ 3 个火点，每堆用燃料 15 ～ 20kg。

（2）受害后的枝蔓管理 ① 结果母枝未冻伤，萌发的新梢全冻害致死的情况。抹除或截去相应的结果母枝，逼迫隐芽和靠近主干的冬芽；② 结果母枝未冻伤，50% 萌发的新梢冻害致死的情况。抹除冻害梢，集中营养，适当灌水，逼出未萌发芽；③ 新梢 4 叶以上出现冻害时，留 2 ～ 3 叶摘心，培养 1 ～ 2 个副梢，作为明年结果母枝或利用葡萄多次结果特性进行二次结果；④ 新梢长至 5 ～ 10 叶，花序周围 2 ～ 3 叶出现冻害，花序、新梢生长点未冻伤的，保留 1 个花序，利用副梢弥补叶面积不足；⑤ 结果母枝出现冻害的植株，在需要抽枝的部位

图 5-5 葡萄倒春寒
a. 叶片受害；b. 新梢受害；c. 芽受害

上进行环割，逼迫结果母枝基部或主干上隐芽萌发，培养来年的结果母枝；⑥ 对基本无收的葡萄，气温回升后要尽早撤掉围膜，以减缓新梢生长，以免影响明年产量。

（3）雪灾后的病害控制　雪灾后葡萄遭受冻害，植株长势将会减弱，有利于一些弱寄生菌引起的病害发生，如葡萄灰霉病和枝干溃疡病等。灰霉病的防治适期是花期，药剂可选用40%嘧霉胺800～1000倍，或50%腐霉利1000～2000倍液等；葡萄枝干溃疡病的化学防治可结合葡萄炭疽病和白腐病等病害的药剂进行兼治（张飞跃，2014）。

图 5-6　葡萄雪灾
a. 避雨棚受害；b. 大棚受害；c. 设施受害

6 雹 害

■ **发生部位**

整株。

■ **发生时期与条件**

以5～9月或6～9月雹日最多。雹是在对流性天气控制下，积雨云中凝结生成的冰块从空中降落的现象。冰雹是一种地方性强、季节性明显、持续时间短暂的天气现象（廖向花，2010）。

■ **防治方法**

（1）雹灾频发地区利用防雹网。

（2）修理与防病　灾后及时剪去枯叶和被冰雹打碎的烂叶，防治病害，促进生长。

（3）松土与施肥　雹灾过后，容易造成地面板结，地温下降，使根部正常的生理活动受到抑制，应及时进行划锄、松土，以提高地温，促苗早发（孟德瑞，2008；王玉堂，2011）。灾后及时追肥，对植株恢复生长具有明显促进作用。

图5-7　葡萄雹害

7 盐害

■ **危害部位**

叶片、新梢。

■ **危害时期**

叶片变黄干枯，新梢畸形。

■ **危害条件**

在盐碱地上种植葡萄，或用含盐量较高的水灌溉，特别是春季干旱、土壤返碱最为严重。

■ **防治方法**

采用耐盐的砧木；利用天落水或淡水洗盐；隔离地下水上升的限根栽培模式。

图 5-8　葡萄盐害
a. 葡萄盐害；b. 利用大棚水洗土壤盐分

参考文献

柏秦凤, 霍治国, 王景红, 等, 2019. 中国主要果树气象灾害指标研究进展 [J]. 果树学报 (9): 1229-1243.

曹克强, 2009. 果树病虫害防治 [M]. 北京: 金盾出版社.

陈彦, 刘长远, 赵奎华, 等, 2006. 葡萄白腐病菌生物学特性研究 [J]. 沈阳农业大学学报 (6): 840-844.

迟会伟, 2008. 啶酰菌胺的合成与生物活性研究 [J]. 农化新世纪, 1(1): 39-39.

董瑞萍, 2011. 果园化学农药安全使用时应注意的几点 [J]. 农业科技与信息 (13). 32-33.

方剑锋, 于飞, 吴建波, 2006. 植食性昆虫取食行为的影响因素及植物源拒食剂的分类 [J]. 广东农业科学 (10): 52-55.

封云涛, 2009. B 型烟粉虱入侵种群对噻虫嗪抗性机理的研究 [D]. 北京: 中国农业科学院.

冯娇, 2017. GA3 和 CPPU 对'阳光玫瑰'葡萄果实品质和'果锈'的影响 [D]. 南京: 南京农业大学.

冯鹏, 2012. 葡萄斑衣蜡蝉防治技术 [J]. 河北果树 (5): 45.

付海滨, 曲辉, 李惠萍, 等, 2010. 警惕危险性害虫 - 葡萄粉蚧入侵我国 [J]. 环境昆虫学报, 32(2): 283-286.

高照全, 陈丽, 戴雷, 2013. 物理机械防治技术在有机果园中的应用 [J]. 果农之友, 12(12): 35.

耿国勇, 宋孙榜, 张丽丽, 等, 2013. 葡萄透翅蛾的危害与防治 [J]. 果农之友 (3): 41.

管仲新, 2005. 红地球葡萄浆果生长发育和品质形成规律的研究 [D]. 乌鲁木齐: 新疆农业大学.

郭小侠, 唐周怀, 陈川, 等, 2002. 我国葡萄几种主要病害的研究现状 [J]. 陕西农业科学 (11): 18-21.

郭英玲, 2009. 绿色制造技术的分析及评价方法研究 [D]. 北京: 机械科学研究总院.

韩云, 唐良德, 吴建辉, 2015. 蓟马类害虫综合治理研究进展 [J]. 中国农学通报 (22): 163-174.

何鑫, 2016. 除草剂五大分类方式 [J]. 农村实用技术, 171(02): 23-24.

何永梅, 贾世宏, 2011. 内吸性杀菌剂——嘧菌环胺 [J]. 农化市场十日讯, (28): 32-32.

胡贵民, 2017. 生物防治在植物病虫害防治中的问题及对策 [J]. 新农村 (黑龙江) (2): 32-32.

胡文, 2008. 土壤—植物系统中重金属的生物有效性及其影响因素的研究 [D]. 北京: 北京林业大学.

黄芳, 2004. SO_2 对作物的伤害反应及生理生化变化的影响 [D]. 晋中: 山西农业大学.

黄峰, 2015. 分子系统学重构柑橘重要病原真菌的种类关系 [D]. 杭州: 浙江大学.

黄文萍, 孙之巍, 2011. 葡萄霜霉病的发生及防治 [J]. 河北林业科技 (2): 84-85.

黄习武, 2019. 氟硅唑一种低熔点原药可湿性粉剂的配方研发 [J]. 中国化工贸易, 11(032): 136.

黄永伟, 2010. 2,4-D 丁酯对葡萄的危害及防治对策 [J]. 北方果树, 3(3): 32-32.

吉沐祥, 吴祥, 束兆林, 等, 2010. 新型植物源杀菌剂 20% 乙蒜·丁子香酚 WP 防治草莓灰霉病试验 [J]. 农药 (6): 76-77.

蒋益民, 2005. 湖南省城市与森林的大气湿沉降化学及其作用机理 [D]. 长沙 : 湖南大学 .

金龟子 [J]. 中外葡萄与葡萄酒 (1): 37-38.

君广斌, 韩瑛, 段长林, 2015. 渭北果树病害发生原因及防治对策 [J]. 陕西农业科学 (12): 68-72.

克里别努尔·马合苏提, 2014. 农药的安全使用及正确保管 [J]. 新疆畜牧业, 12(12): 61-61.

孔德康, 张培进, 史振荣, 等, 2011. 葡萄锈病与葡萄果锈病的区分及其防治对策 [J]. 河南林业科技 (2): 34-35.

李恩涛, 余文芹, 周全忠, 等, 2016. 瓮安县葡萄病虫发生种类调查及防治措施 [J]. 耕作与栽培 (4): 77-78.

李富根, 吴新平, 刘乃炽, 2001. 戊唑醇的作用特点及其应用概况 [J]. 农药科学与管理 (3): 40-41.

李宏, 2011. 基于国民财富损失控制的自然灾害防灾减灾研究 [D]. 大连 : 东北财经大学 .

李鸿杰, 2005. 绿色果品生产中的化学药剂及应用 [J]. 甘肃农业 (7): 56.

李平, 2018. 广谱高效杀菌剂——特利托干悬浮剂 [J]. 农业知识, (16).

李婷, 2013. 葡萄白腐病、炭疽病、黑痘病、霜霉病和白粉病的识别与防治 [J]. 农业灾害研究, 3(Z2): 17-20+25.

李文静, 吴明德, 李国庆, 2015. 葡萄孢菌真菌病毒研究进展 (综述)[J]. 亚热带植物科学 (1): 72-76.

李雯, 冉隆贤, 李会平, 2014. 葡萄霜霉病菌孢子囊形成及离体萌发的适宜条件研究 [J]. 北方园艺 (22): 108-110.

李向阳, 王宝玲, 2002. 果树清园药剂首选石硫合剂 [J]. 农友, 000(012): 16-16.

李艳艳, 胡美绒, 卢春田, 等, 2011. 十星瓢萤叶甲在葡萄上的发生与防治 [J]. 西北园艺 : 果树, (1): 29-30.

李永发, 吴正昌, 2005. 如何正确区分提子葡萄气灼与日灼 [J]. 果农之友 (7): 47-47.

廖向花, 2010. 利用多源气象资料对重庆冰雹的综合研究 [D]. 兰州 : 兰州大学 .

林琳, 2013. 近 30 年我国主要气象灾害影响特征分析 [D]. 兰州 : 兰州大学 .

刘长令, 关爱莹, 张明星, 2002. 广谱高效杀菌剂嘧菌酯 [J]. 世界农药, 24(1): 46-49.

刘凤弼, 丁玉清, 杨爱兵, 等 .2012. 金沙江干热河谷区葡萄病虫害综合防治技术 [J]. 中外葡萄与葡萄酒 ,(2): 39-41.

刘鸿雁, 2014. 我国大气污染防治法律与制度研究 [D]. 上海 : 华东政法大学 .

刘会宁, 朱建强, 2001. 葡萄白粉病与霜霉病抗性机理分析与探讨 [J]. 东北农业大学学报 (3): 96-102.

刘继芳, 2005. 环境对我国农产品国际竞争力的影响与对策研究 [D]. 北京 : 中国农业科学院 .

刘薇薇, 雷志强, 董丹, 等, 2014. 南方地区葡萄避雨栽培病虫害防控技术 [J]. 中外葡萄与葡萄酒 (3): 39-46.

刘文钰, 刘丽, 李竑阳, 2016. 葡萄白腐病病菌生物学特性研究 [J]. 中国园艺文摘 (5): 44-45+104.

刘毅, 韩金祥, 2006. 生物芯片技术在临床病原菌检测中的新进展 [J]. 中国实验诊断学 (3): 325-328.

刘永清, 王国平, 2002. 葡萄病毒病研究进展 [J]. 中国果树 (4): 49-53.

刘裕岭, 2007. 蔬菜主要病害种类及诊断 [J]. 上海蔬菜 (1): 44.

鲁素玲 . 毛翠红, 1990. 新疆葡萄缺节瘿螨的发生与防治 [J]. 新疆农垦科技 (3): 22-24.

陆丽珍, 劳兴珍, 郑珩, 2011. 脱落酸的发酵法生产及应用 [J]. 氨基酸和生物资源 (2): 23-26.

吕玉芹, 2010. 有机磷农药中毒的观察, 抢救与护理 [J]. 中国伤残医学, 03(3): 145-145.

马文婷, 2018. 乙烯工厂污水集输环节的挥发性有机物排放估算及控制对策 [D]. 上海 : 上海交通大学 .

马艳华，何娜，2011. 蔬菜病虫害综合防治 [J]. 农民致富之友，000(015): 27-27.

毛启霞，2002. 葡萄缺硼症及其防治 [J]. 农村科技开发 (4): 27+26.

孟德瑞，任自濮，王雪云，2008. 农作物遭受雹害后的补救措施 [J]. 河南农业 (11): 40.

牛芳胜，马志强，毕秋艳，等，2013. 哈茨木霉菌与 5 种杀菌剂对番茄灰霉病菌的协同作用 [J]. 农药学学报，15(2): 165-170.

潘国才，吴会昌，2009. 无机铜制剂在蔬菜生产上的应用 [J]. 农业科技通讯，(4): 186-187.

潘明正，周海清，2018. 浙江大棚葡萄主要病虫害及绿色防控措施 [J]. 浙江农业科学 (9): 1563-1566.

裴刚，2001. 作物药害的识别及补救 [J]. 农药市场信息 (9): 26.

祁帅，陈锦永，程大伟，等，2019. 葡萄霜冻危害及补救措施 [J]. 果农之友 (1): 32-33.

秦恩昊，吴鸿梅，2017. 啶氧菌酯全球市场状况分析 [J]. 农化市场十日讯 (11): 44-48.

秦晔，张传宏，张泽平，2014. 葡萄酸腐病危害特点及其防控措施探讨 [J]. 中国植保导刊，34(6): 35-37.

阙友雄，宋弦弦，许莉萍，2009. 植物与病原真菌互作机制研究进展 [J]. 生物技术通讯，20(2): 282-285.

申明启，2007. 正确认识农业防治法的作用 [J]. 山西农业：致富科技 (11): 44.

沈昶伟，2013. 宁波市镇海区园林植物主要病虫害无公害防治技术研究 [D]. 北京：中国农业科学院.

沈瑞清，2007. 宁夏植物病原真菌区系研究 [D]. 杨凌：西北农林科技大学.

史娟，杨之为，2004. 葡萄霜霉病的研究现状 [J]. 宁夏农学院学报 (2): 92-94+100.

苏来曼，2010. 露地葡萄常见病害及防治技术 [J]. 新疆农业科技 (2): 44.

孙瑞芹，2009. 波尔多液的正确配制和科学使用 [J]. 现代农村科技 (11): 24-25.

谭海军，童益利，2011. 杀虫剂吡丙醚 [J]. 农药市场信息，10(11): 40-45.

佟继旭，2018. 二氧化硫防腐保鲜处理对红地球葡萄品质影响及风险评估的研究 [D]. 北京：中国农业科学院.

汪汉成，祁之秋，王建新，等，2006. 肟菌酯对 9 种植物病原真菌室内活性测定 [J]. 农药 (11): 780-781.

汪云法，廖旋刚，周敏，2015. 吡唑醚菌酯等对桃树疮痂病的防治药效 [J]. 浙江农业科学 (1): 100-101.

王博，2013. 葡萄霜霉病和白粉病的识别与防治 [J]. 植物医生 (6): 11-12.

王丞，2011. 中国沿海地区农业保险政策研究 [D]. 大连：中国海洋大学.

王迪轩，2016. 蔬菜常用杀菌剂——双炔酰菌胺的使用与注意事项 [J]. 农药市场信息 (21): 51.

王惠卿，曾继勇，方海龙，等，2004. 吐鲁番地区葡萄斑叶蝉发生规律调查初报 [J]. 中国植保导刊 24(8): 26-27.

王强，2016. 助剂对防治葡萄霜霉病药剂增效作用的研究 [D]. 新疆：石河子大学.

王圣森，2008. 波尔多液营养保护剂在果树上的应用效应研究 [D]. 泰安：山东农业大学.

王晓锦，2013. 三唑杀菌剂衍生物的合成及抗菌活性研究 [D]. 新乡：河南师范大学.

王晓宇，2005. 设施早黑宝葡萄矿质营养代谢及其相关性研究 [D]. 晋中：山西农业大学.

王雅丽，严勇敢，杨桦，等，2007. 陕西省果树主要有害生物调查及综合防治对策 [J]. 陕西师范大学学报（自然科学版）(S1): 161-163.

王玉堂，2011. 作物遭雹灾后的补救措施 [J]. 新农村 (6): 24-25+55.

王志民，蔡光泽，陈开陆，等，2017. 有机农业生产的非化学原则思考 [J]. 现代农业科技 (20): 257-260.

温季云 , 1992. 葡萄粉虱 (*Aleurolobus* sp.) [J]. 中外葡萄与葡萄酒 (4): 31.

吴春昊 , 2008. 豫北地区棉蓟马发生规律及综合防治技术 [J]. 江西棉花 , 30(5): 58-58.

吴海燕 , 王冬亚 , 周勋波 , 2019. 一种防治番茄枯萎病的药物组合物 : 201910362747.4[P] 2019-04-30.

吴江 , 程建徽 , 魏灵珠 , 等 .2015. 省力化栽培葡萄品种新雅及其规范化栽培技术研究 [J]. 河北林业科技 ,
　　(4): 41-44.

夏志清 , 李辉 , 2007. 环境污染对植物叶的危害 [J]. 化学教育 (2): 1+4.

邢福俊 , 2002. 中国水环境的改善与城市经济发展 [D]. 大连 : 东北财经大学 .

徐爱娣 , 2014. 昌邑地区葡萄丰产栽培技术研究 [D]. 泰安 : 山东农业大学 .

许长新 , 张金平 , 郝宝锋 , 等 , 2008. 新爆发的葡萄短须螨发生规律及防治措施 [J]. 河北果树 (6): 23,28.

许俊杰 , 2006. 中国东南部地区及云南省土壤暗色丝孢菌分类研究 [D]. 泰安 : 山东农业大学 .

许志刚 , 2009. 普通植物病理学 [M]. 4. 版北京 : 高等教育出版社 .

薛元海 , 2002. 作物生理性病害的田间诊断 [J]. 江西植保 (1): 24-25+12.

杨洪强 , 2003. 绿色无公害果品生产全编 [M]. 北京 : 中国农业出版社 .

杨慧民 , 2007. 药剂熏蒸的原理与方法 [J]. 河北农业科技 (5): 63.

叶道纯 , 1988. 葡萄害虫及其防治 (二) 金龟子 [J]. 中外葡萄与葡萄酒 (1): 37-38.

原必荣 , 李为众 , 李功春 , 等 , 2013. 物理防治技术在白蚁防治中的研究与展望 [J]. 湖北植保 (1): 60-62.

岳立 , 2011. 兰州市大气污染治理的经济学分析 [D]. 兰州 : 兰州大学 .

翟洪民 , 2010. 葡萄园金龟子的危害及防治 [J]. 植物医生 ,23(5): 18.

张超博 , 2017. 三种葡萄新树形的设计 , 试验和推广 [D]. 南京 : 南京农业大学 .

张飞跃 , 2014. 无公害鲜食葡萄病虫害综合防治新技术 [J]. 现代农业科技 (19): 150-151+155.

张静雅 , 何衍彪 , 2019. 植物病毒病检测及防治技术研究进展 [J]. 安徽农学通报 (12): 79-81+83.

张军翔 . 李玉鼎 , 2001. 葡萄根瘤蚜 (Phylloxera)[J]. 中外葡萄与葡萄酒 (4): 27-29.

张庆彩 , 2010. 当代中国环境法治的演进及趋势研究 [D]. 南京 : 南京大学 .

张伟岸 , 2017. 不同处理对 "北玫" 葡萄新梢耐低温胁迫的影响 [D]. 银川 : 宁夏大学 .

张学静 , 王静一 , 倪文广 , 2016. 葡萄病虫害的综合防治技术 [J]. 农民致富之友 (6): 114-114.

张珣 , 周莹莹 , 李燕 , 等 , 2014, 植物源杀虫剂对葡萄绿盲蝽和斑叶蝉的防治效果 [J]. 科技导报 , 32(12):
　　36-40.

张艳杰 , 沈凤英 , 许换平 , 等 , 2017. 灰葡萄孢菌多样性研究进展 [J]. 农业生物技术学报 (6): 954-968.

张正仁 , 宋长铣 , 1991. 微量元素在植物生命活动中的作用 [J]. 南京大学学报 (自然科学版)(3): 530-539.

章彦宏 , 2018. 巧用石硫合剂妙治柑橘病虫 [J]. 植物医生 (6): 46-47.

赵俊侠 , 王燕 , 2014. 日本葡萄有机栽培经验对我国果业发展的启示 [J]. 北方园艺 (18): 203-205.

郑冬梅 , 2006. 中国生物农药产业发展研究 [D]. 福州 : 福建农林大学 .

郑普兵 , 鲁君明 , 鲁剑巍 , 等 , 2016. 葡萄园草甘膦除草药害症状的调查与分析 [J]. 湖北植保 (1): 25-26.

郑秋玲 , 2010. 温度胁迫对葡萄生长的影响及叶面肥喷布效应 [D]. 泰安 : 山东农业大学 .

植物病理学会 .

周蔚 , 王雪娟 , 刘绍仁 , 2009. 国外矿物油农药管理概况 [J]. 农药科学与管理 (5): 18-21.

朱春雨, 2015. 单一施用菌酯易引药害混用复配效果升级 [J]. 农药市场信息 (20): 54.

朱云辉, 1999. 影响酒葡萄产量的三大病害 [J]. 河北农业 (6): 13-13.

Kogan M, 2001. 害虫综合防治 IPM: 历史透视和近代发展 [J]. 杂粮作物, 21(2): 35-35.

Ronald J. Kuhr, 1985. 陈世珍, 氨基甲酸酯类杀虫剂及其生物与环境稳定性 [J]. 环境科学研究 (1): 13-21.